5年生までのおさらい 整数のたし算・ひき算・かけ算・わり算

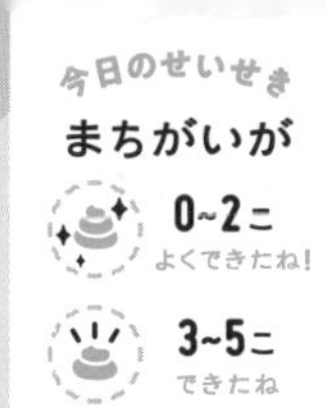

5年生までに習った整数の計算の復習を

1 筆算で計算をしましょう。

① 329＋494

② 5428＋1395

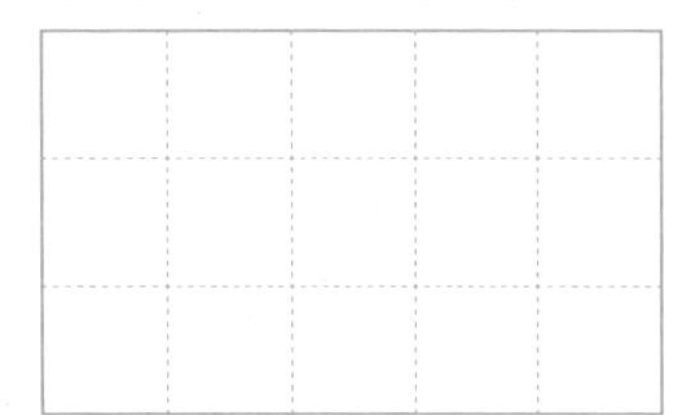

③ 623－187

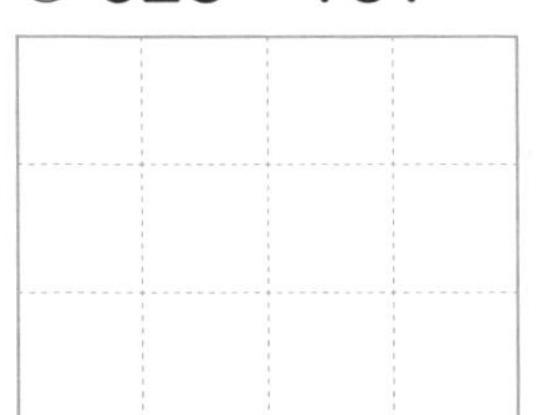

④ 1004－896

2 筆算で計算をしましょう。

① 254×7

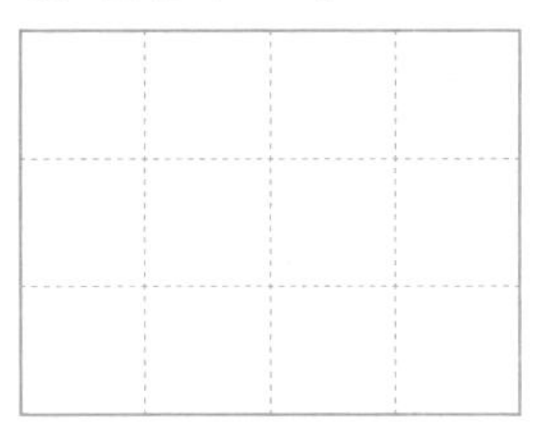

② 408×9

③ 325×83

④ 806×64

3 商を一の位まで求め，あまりもだしましょう。

① 947÷5

② 968÷9

③ 897÷26

テストに出るうんこ

厳選！

日本のうんこ企業（きぎょう）10

1

うんこに刺（さ）す専用ピンを作って70年

うんこピンのフクダ

5年生までのおさらい 小数のたし算・ひき算・かけ算・わり算

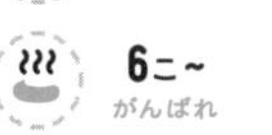

5年生までに習った小数の計算をしよう。

1 筆算で計算をしましょう。

① 4.3+2.9

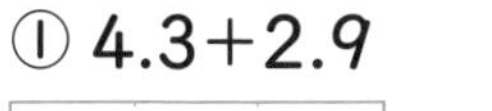

② 2.3+7.7

③ 16+7.8

④ 5.2－1.9

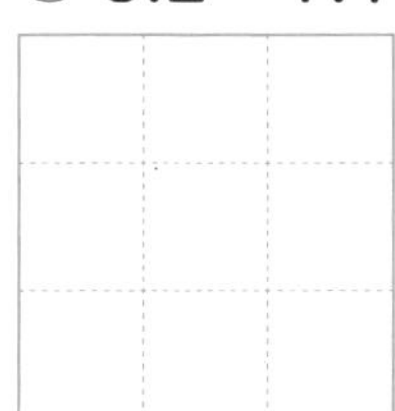

⑤ 9.2－8.3

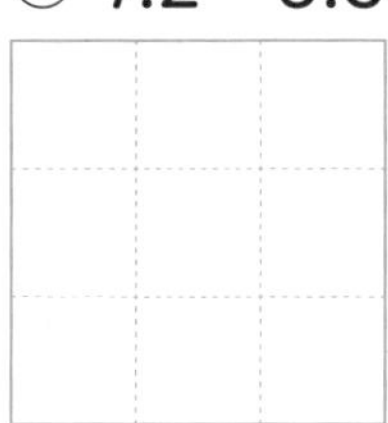

⑥ 23－4.6

2 筆算で計算をしましょう。

① 23.8×17

② 0.73×39

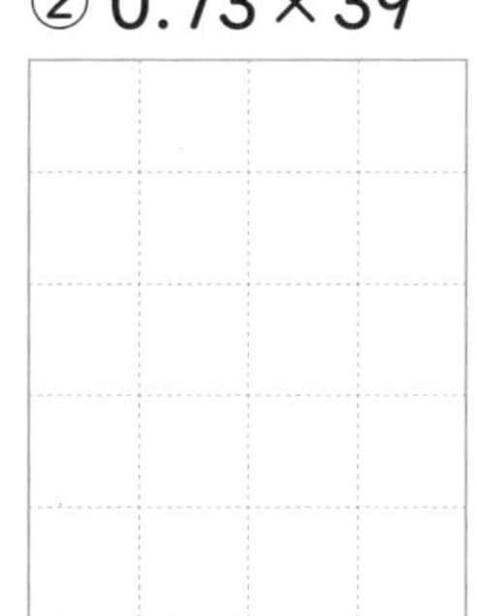

③ 5.3×3.4

④ 0.38×9.5

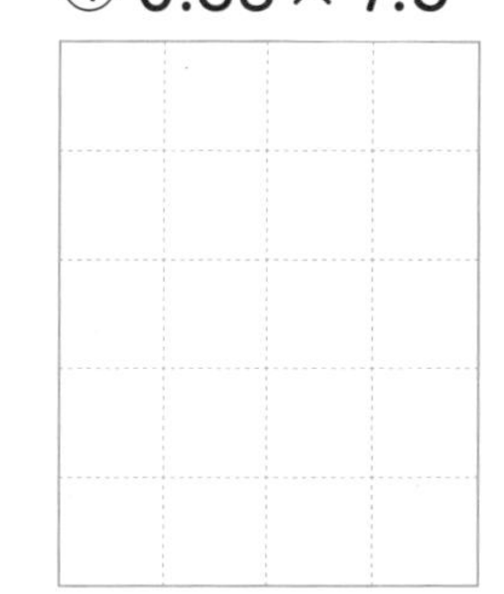

3 わり切れるまで計算しましょう。

① $8.22 \div 6$

② $8.16 \div 2.4$

③ $14.7 \div 4.2$

4 ①は，商を一の位まで求めて，あまりもだしましょう。
②は，商を四捨五入（ししゃごにゅう）して，上から2けたのがい数で求めましょう。

① $60 \div 7.4$

② $7.31 \div 1.3$

5年生までのおさらい 分数のたし算・ひき算・分数

5年生までに習った分数の復習をしよう。

1 計算をしましょう。

① $\frac{4}{5}+\frac{6}{5}$

② $\frac{11}{7}+\frac{3}{7}$

③ $\frac{3}{4}+\frac{4}{7}$

④ $\frac{8}{15}+\frac{2}{3}$

⑤ $\frac{5}{6}+\frac{11}{12}$

⑥ $3\frac{3}{8}+\frac{7}{20}$

⑦ $2\frac{7}{9}+1\frac{13}{18}$

⑧ $\frac{10}{8}-\frac{3}{8}$

⑨ $\frac{7}{3}-\frac{1}{3}$

⑩ $\frac{5}{6}-\frac{3}{8}$

⑪ $\frac{1}{2}-\frac{1}{14}$

⑫ $\frac{5}{6}-\frac{1}{18}$

⑬ $3\frac{11}{15}-1\frac{2}{3}$

⑭ $2\frac{1}{4}-\frac{1}{10}$

2 □にあてはまる数を書きましょう。

① $4 \div 9 = \frac{\square}{\square}$　　② $\frac{13}{5} = \square \div \square$

3 小数や整数を分数で表しましょう。整数は1を分母とする分数で表しましょう。

① 2.9　　② 0.13　　③ 7

4 分数を小数か整数で表しましょう。

① $\frac{4}{5}$　　② $\frac{18}{3}$

テストに出るうんこ

厳選！

日本のうんこ企業10

2

どんなうんこでもキレイに洗います！

うんこ洗濯業のホワイトうんこ

分数×整数

今日のせいせき
まちがいが

0~2こ よくできたね！

3~5こ できたね
6こ~ がんばれ

分数×整数の計算をするよ。計算の途中(とちゅう)で約分できるときは約分してから計算するといいよ。

1 $\frac{7}{18}\times 6$の計算のしかたを考えます。

分数×整数の計算は，分母はそのままにして，分子にその整数をかける。

$$\frac{b}{a} \times c = \frac{b \times c}{a}$$

（ビー，エー，シー）

$$\frac{7}{18}\times 6 = \frac{7\times \overset{1}{\cancel{6}}}{\underset{3}{\cancel{18}}} = \frac{7}{3}$$

計算の途中(とちゅう)で約分するとよい。

2 計算をしましょう。

① $\frac{2}{7}\times 4$　② $\frac{3}{4}\times 9$

③ $\frac{5}{6}\times 2$　④ $\frac{3}{10}\times 5$

⑤ $\frac{2}{3}\times 6$　⑥ $\frac{5}{6}\times 7$

⑦ $\frac{2}{9}\times 8$　⑧ $\frac{5}{12}\times 3$

3 計算をしましょう。

① $\frac{3}{7} \times 3$

② $\frac{5}{6} \times 12$

③ $\frac{1}{2} \times 8$

④ $\frac{5}{8} \times 4$

⑤ $\frac{1}{6} \times 6$

⑥ $\frac{2}{3} \times 5$

⑦ $\frac{4}{5} \times 15$

⑧ $\frac{7}{12} \times 10$

⑨ $\frac{3}{4} \times 2$

⑩ $\frac{13}{25} \times 100$

うんこ文章題にチャレンジ！ 1

「うんこグリセリン」という爆薬は，たった1dLで $\frac{3}{14}$ tのうんこを粉々に爆破できます。うんこグリセリン7dLでは，何tのうんこを爆破できますか。

式

答え ＿＿＿＿＿＿＿＿

分数÷整数

今日のせいせき
まちがいが

0~2こ よくできたね！

3~5こ できたね
6こ~ がんばれ

分数÷整数の計算をするよ。
約分も忘れずにね。

1 $\frac{6}{7}\div 2$の計算のしかたを考えます。

分数÷整数の計算は，分子はそのままにして，
分母にその整数をかける。

$$\frac{b}{a} \div c = \frac{b}{a \times c}$$

$$\frac{6}{7} \div 2 = \frac{\overset{3}{\cancel{6}}}{7 \times \underset{1}{\cancel{2}}} = \frac{3}{7}$$

計算の途中で約分するとよい。

2 計算をしましょう。

① $\frac{1}{6} \div 5$

② $\frac{1}{4} \div 3$

③ $\frac{5}{6} \div 2$

④ $\frac{4}{11} \div 6$

⑤ $\frac{4}{9} \div 8$

⑥ $\frac{4}{7} \div 4$

⑦ $\frac{14}{15} \div 7$

⑧ $\frac{3}{4} \div 9$

3 計算をしましょう。

① $\frac{8}{9} \div 4$

② $\frac{3}{7} \div 3$

③ $\frac{10}{13} \div 5$

④ $\frac{2}{5} \div 6$

⑤ $\frac{24}{11} \div 16$

⑥ $\frac{2}{3} \div 7$

⑦ $\frac{4}{5} \div 24$

⑧ $\frac{25}{7} \div 100$

⑨ $\frac{6}{11} \div 8$

⑩ $\frac{8}{25} \div 12$

うんこ文章題にチャレンジ！ 2

リーダーがうんこ$\frac{5}{8}$kgを手に入れてきて，10人の部下に「平等に分けろよ。」と言いました。部下は1人何kgずつうんこを分ければよいですか。

式

答え ＿＿＿＿＿＿＿＿

6 かくにんテスト 1

点

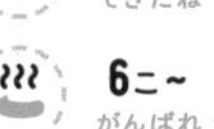

6こ~
がんばれ

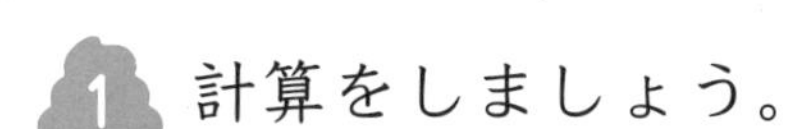

〈1つ5点〉

① $\frac{3}{14} \times 2$

② $\frac{4}{9} \times 4$

③ $\frac{4}{21} \times 7$

④ $\frac{5}{18} \times 12$

⑤ $\frac{2}{13} \times 8$

⑥ $\frac{3}{10} \times 8$

⑦ $\frac{3}{5} \times 20$

⑧ $\frac{8}{21} \times 3$

2 計算をしましょう。

〈1つ5点〉

① $\frac{5}{8} \div 4$

② $\frac{4}{5} \div 12$

③ $\frac{6}{7} \div 3$

④ $\frac{21}{23} \div 7$

⑤ $\frac{8}{9} \div 6$

⑥ $\frac{4}{11} \div 16$

⑦ $\frac{9}{4} \div 36$

⑧ $\frac{5}{7} \div 15$

3 次のうち，「うんこピン」を作っている企業（きぎょう）はどちらですか。

〈20点〉

あ

い

分数×分数①

今日のせいせき
まちがいが
0~2こ よくできたね！
3~5こ できたね
6こ~ がんばれ

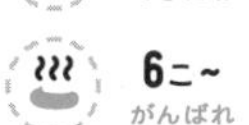

分数×整数はできるようになったね。
今度は，分数×分数の計算をするよ。

1 $\frac{2}{7} \times \frac{4}{5}$ の計算のしかたを考えます。

分数×分数の計算は，分母どうし，分子どうしをかける。

$$\frac{b}{a} \times \frac{d}{c} = \frac{b \times d}{a \times c}$$

（b：ビー，d：ディー，a：エー，c：シー）

$$\frac{2}{7} \times \frac{4}{5} = \frac{2 \times 4}{7 \times 5} = \frac{8}{35}$$

2 計算をしましょう。

① $\frac{1}{10} \times \frac{3}{8}$

② $\frac{9}{11} \times \frac{3}{5}$

③ $\frac{5}{6} \times \frac{1}{4}$

④ $\frac{3}{2} \times \frac{3}{7}$

⑤ $\frac{3}{7} \times \frac{1}{10}$

⑥ $\frac{3}{7} \times \frac{5}{4}$

⑦ $\frac{3}{8} \times \frac{5}{2}$

⑧ $\frac{4}{7} \times \frac{2}{9}$

⑨ $\frac{4}{5} \times \frac{2}{7}$

⑩ $\frac{5}{6} \times \frac{1}{2}$

3 計算をしましょう。

① $\frac{4}{5} \times \frac{1}{9}$　② $\frac{6}{11} \times \frac{2}{5}$　③ $\frac{3}{7} \times \frac{8}{11}$

④ $\frac{2}{3} \times \frac{1}{9}$　⑤ $\frac{5}{6} \times \frac{7}{9}$　⑥ $\frac{9}{10} \times \frac{7}{2}$

⑦ $\frac{5}{6} \times \frac{5}{3}$　⑧ $\frac{2}{3} \times \frac{11}{7}$

テストに出るうんこ

厳選！

日本のうんこ企業(きぎょう)10

3 ドアからドアへ，今日もうんこを運ぶ うんこ運送業の うんこマッハ

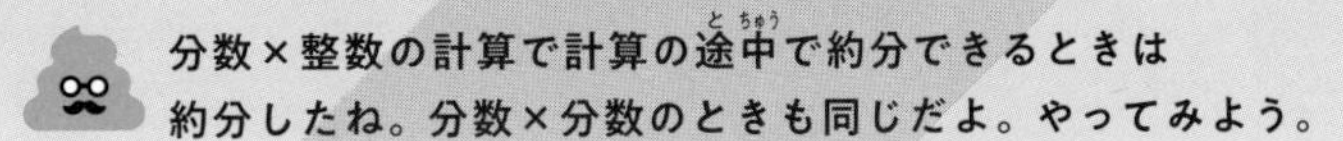

分数×分数②

今日のせいせき

まちがいが

  0~2こ よくできたね！

 3~5こ できたね

6こ~ がんばれ

分数×整数の計算で計算の途中(とちゅう)で約分できるときは約分したね。分数×分数のときも同じだよ。やってみよう。

1 $\frac{5}{6} \times \frac{2}{15}$ の計算のしかたを考えます。

途中で約分して計算する。

$$\frac{5}{6} \times \frac{2}{15} = \frac{\overset{1}{\cancel{5}} \times \overset{1}{\cancel{2}}}{\underset{3}{\cancel{6}} \times \underset{3}{\cancel{15}}} = \frac{1}{9}$$

6 と 2 を2でわる。15 と 5 を5でわる。

線をはさんで
ななめの数で
約分できるのう。

2 計算をしましょう。

① $\frac{2}{9} \times \frac{5}{6}$

② $\frac{5}{18} \times \frac{8}{9}$

③ $\frac{4}{7} \times \frac{3}{10}$

④ $\frac{7}{15} \times \frac{3}{4}$

⑤ $\frac{6}{11} \times \frac{5}{9}$

⑥ $\frac{1}{8} \times \frac{4}{5}$

⑦ $\frac{5}{21} \times \frac{7}{8}$

⑧ $\frac{6}{7} \times \frac{3}{10}$

3 計算をしましょう。

① $\frac{8}{15} \times \frac{5}{12}$

② $\frac{15}{16} \times \frac{4}{25}$

③ $\frac{3}{14} \times \frac{2}{9}$

④ $\frac{11}{8} \times \frac{10}{33}$

⑤ $\frac{3}{10} \times \frac{5}{6}$

⑥ $\frac{3}{28} \times \frac{7}{9}$

⑦ $\frac{5}{56} \times \frac{24}{35}$

⑧ $\frac{9}{16} \times \frac{10}{27}$

うんこ文章題にチャレンジ！ 3

面積が $\frac{5}{3}$ km^2 の空き地があります。このうち，$\frac{9}{10}$ にあたる面積にうんこをしきつめることになりました。

うんこをしきつめる面積は何 km^2 になりますか。

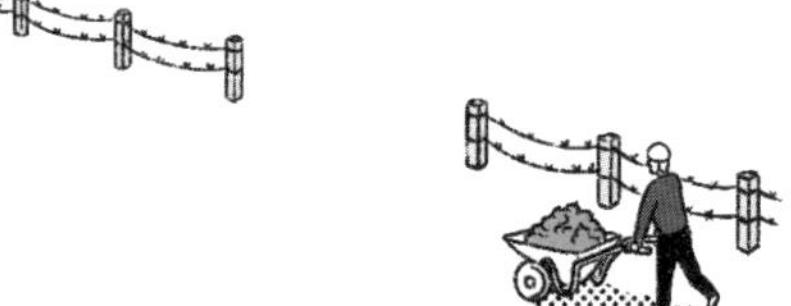

答え ＿＿＿＿＿＿＿＿

分数×分数③

分数のかけ算の練習をもっとやろう。
約分を忘(わす)れずにね。

1 計算をしましょう。

① $\frac{2}{11} \times \frac{1}{4}$

② $\frac{11}{18} \times \frac{9}{22}$

③ $\frac{2}{5} \times \frac{15}{8}$

④ $\frac{7}{12} \times \frac{8}{9}$

⑤ $\frac{35}{16} \times \frac{4}{21}$

⑥ $\frac{3}{16} \times \frac{4}{5}$

⑦ $\frac{13}{50} \times \frac{25}{27}$

⑧ $\frac{15}{14} \times \frac{4}{25}$

⑨ $\frac{12}{35} \times \frac{21}{20}$

⑩ $\frac{13}{24} \times \frac{16}{11}$

2 計算をしましょう。

① $\frac{17}{42} \times \frac{7}{10}$

② $\frac{4}{9} \times \frac{9}{8}$

③ $\frac{15}{11} \times \frac{11}{24}$

④ $\frac{5}{6} \times \frac{3}{17}$

⑤ $\frac{2}{3} \times \frac{9}{10}$

⑥ $\frac{10}{7} \times \frac{21}{20}$

テストに出るうんこ

厳選！

日本のうんこ企業(きぎょう)10

4

うんこで金属と明日をつくる

うんこ鉄鋼(てっこう)業の

うんこ製鉄

分数×分数④

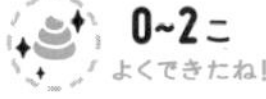

まちがいが

0~2こ よくできたね！

3~5こ できたね

6こ~ がんばれ

整数や帯分数があるかけ算をするよ。
今までと同じように計算できるように形を変えるよ。

1 $3\times\frac{5}{8}$, $3\frac{1}{2}\times\frac{3}{7}$ の計算のしかたを考えます。

・整数は分母が1の分数に直すと, 分数×分数の計算になる。
・帯分数は仮分数に直して計算する。

$$3\times\frac{5}{8}=\frac{3}{1}\times\frac{5}{8}=\frac{3\times5}{1\times8}=\frac{15}{8}\left(1\frac{7}{8}\right)$$

分母が1の分数に直す。

$$3\frac{1}{2}\times\frac{3}{7}=\frac{7}{2}\times\frac{3}{7}=\frac{\overset{1}{\cancel{7}}\times3}{2\times\underset{1}{\cancel{7}}}=\frac{3}{2}\left(1\frac{1}{2}\right)$$

仮分数に直す。

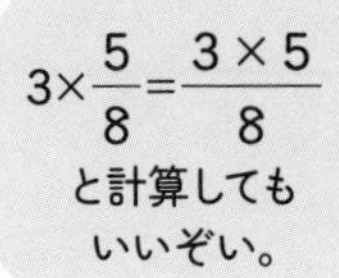

2 計算をしましょう。

① $4\times\frac{2}{5}$

② $6\times\frac{7}{9}$

③ $8\times\frac{5}{6}$

④ $5\times\frac{3}{11}$

⑤ $1\frac{1}{2}\times\frac{7}{9}$

⑥ $\frac{5}{8}\times2\frac{2}{3}$

⑦ $1\frac{3}{4}\times2\frac{2}{7}$

⑧ $2\frac{2}{9}\times1\frac{1}{6}$

計算をしましょう。

① $3 \times \frac{3}{10}$

② $9 \times \frac{5}{6}$

③ $\frac{2}{3} \times 7$

7を$\frac{7}{1}$と考えると，
分数×分数の
計算になるぞい。

④ $\frac{5}{6} \times 4$

⑤ $1\frac{1}{6} \times \frac{5}{9}$

⑥ $2\frac{3}{5} \times \frac{3}{13}$

⑦ $\frac{7}{10} \times 1\frac{2}{7}$

⑧ $2\frac{1}{3} \times \frac{6}{11}$

⑨ $1\frac{3}{17} \times 2\frac{1}{8}$

いくつもの分数のかけ算

今日のせいせき
まちがいが

0~2こ よくできたね!

3~5こ できたね

6こ~ がんばれ

いくつもの分数のかけ算は，まとめてかけるとラクだよ。
やってみよう。

1 $\frac{1}{3} \times \frac{4}{5} \times \frac{9}{8}$ の計算のしかたを考えます。

いくつもの分数のかけ算は，分母どうし，分子どうしをまとめてかけて計算できる。

$$\frac{1}{3} \times \frac{4}{5} \times \frac{9}{8} = \frac{1 \times \overset{1}{\cancel{4}} \times \overset{3}{\cancel{9}}}{\underset{1}{\cancel{3}} \times 5 \times \underset{2}{\cancel{8}}} = \frac{3}{10}$$

約分は計算の途中(とちゅう)でするのじゃ。

2 計算をしましょう。

① $\frac{3}{5} \times \frac{4}{9} \times \frac{5}{6}$

② $\frac{7}{12} \times \frac{3}{14} \times \frac{6}{11}$

③ $\frac{9}{14} \times \frac{7}{10} \times \frac{5}{18}$

 計算をしましょう。

① $\frac{5}{9} \times 27 \times \frac{7}{10}$

② $18 \times \frac{5}{6} \times \frac{9}{10}$

③ $2\frac{1}{2} \times \frac{7}{10} \times \frac{3}{7}$

④ $\frac{5}{9} \times 14 \times 1\frac{2}{7}$

かける数の大きさと積の大きさの関係

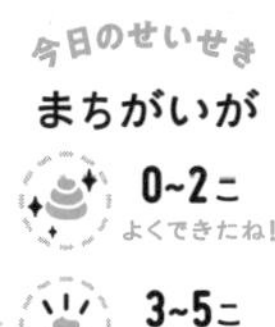

小数のかけ算で，答えがかけられる数より小さくなることがあったね。
分数でもかけ算をして答えが小さくなることがあるよ。

1 $\frac{4}{5}\times\frac{1}{4}$ の積は，かけられる数の $\frac{4}{5}$ より小さくなるかどうかを考えます。

分数をかけるかけ算でも，1より小さい数をかけると，積はかけられる数より小さくなる。

かける数 ＜1 のとき，積 ＜ かけられる数
かける数 ＝1 のとき，積 ＝ かけられる数
かける数 ＞1 のとき，積 ＞ かけられる数

計算すると，

$$\frac{4}{5}\times\frac{1}{4}=\frac{\overset{1}{\cancel{4}}\times 1}{5\times\underset{1}{\cancel{4}}}=\frac{1}{5}$$

だから，積は，$\frac{4}{5}$ より小さいぞい。

$\frac{4}{5}\times\frac{1}{4}$ の積は，かける数 $\frac{1}{4}$ が1より小さいので，

積はかけられる数 $\frac{4}{5}$ より（小さく）なる。

2 積が $\frac{4}{7}$ より小さくなるものをすべて○で囲みましょう。

あ $\frac{4}{7}\times\frac{3}{8}$

い $\frac{4}{7}\times 1\frac{1}{2}$

う $\frac{4}{7}\times 1$

え $\frac{4}{7}\times\frac{11}{12}$

お $\frac{4}{7}\times\frac{5}{4}$

か $\frac{4}{7}\times 2$

3 □にあてはまる等号，不等号を書きましょう。

① $6 \times 1\frac{2}{3}$ □ 6　　② $\frac{3}{5} \times \frac{1}{2}$ □ $\frac{3}{5}$

③ $\frac{5}{9} \times 1$ □ $\frac{5}{9}$　　④ $\frac{5}{8} \times \frac{1}{3}$ □ $\frac{5}{8} \times \frac{4}{3}$

4 次のかけ算の式を，積の大きい順に並(なら)べましょう。

ⓐ $50 \times \frac{5}{4}$　　ⓘ $50 \times \frac{4}{5}$　　ⓤ 50×1

ⓔ $50 \times 1\frac{3}{4}$　　ⓞ $50 \times \frac{3}{5}$

テストに出るうんこ

厳選！

日本のうんこ企業(きぎょう)10

13 計算のきまり・逆数

今日のせいせき まちがいが

0~2こ よくできたね！

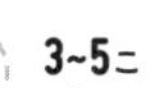
3~5こ できたね

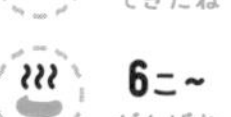
6こ~ がんばれ

整数・小数と同じように分数でも計算のきまりが成り立つよ。
この計算のきまりを使って工夫して計算しよう。

1 $\left(\frac{7}{9}+\frac{5}{4}\right)\times36$を工夫して計算するしかたを考えます。

計算のきまり

- $a \times b = b \times a$
- $(a \times b) \times c = a \times (b \times c)$
- $(a + b) \times c = a \times c + b \times c$
- $(a - b) \times c = a \times c - b \times c$

$$\left(\frac{7}{9}+\frac{5}{4}\right)\times36=\frac{7}{9}\times36+\boxed{\frac{5}{4}}\times36$$
$$=\frac{7\times\overset{4}{\cancel{36}}}{\underset{1}{\cancel{9}}}+\frac{5\times\overset{9}{\cancel{36}}}{\underset{1}{\cancel{4}}}$$
$$=28+45$$
$$=73$$

2 □にあてはまる数を書いて，計算しましょう。

① $\left(\frac{1}{3}\times\frac{4}{7}\right)\times\frac{7}{4}=\square\times\left(\frac{4}{7}\times\frac{7}{4}\right)$ ……続けて計算しましょう。

② $\left(\frac{2}{5}+\frac{3}{4}\right)\times20=\frac{2}{5}\times\square+\frac{3}{4}\times\square$

③ $\frac{5}{9}\times8+\frac{5}{9}\times10=\frac{5}{9}\times\left(\square+\square\right)$

④ $\frac{5}{8}\times\frac{2}{3}-\frac{1}{4}\times\frac{2}{3}=\left(\frac{5}{8}-\frac{1}{4}\right)\times\square$

3 $\frac{7}{4}\times\frac{\square}{\square}=1$，$\frac{1}{9}\times\square=1$ の $\square$ にあてはまる数を考えます。

$\frac{7}{4}\times\frac{4}{7}=1$，$\frac{1}{9}\times 9=1$

> $\frac{7}{4}$ と $\frac{4}{7}$，$\frac{1}{9}$ と9のように，2つの数の積が1になるとき，一方の数をもう一方の数の**逆数**という。

4 次の数の逆数を求めましょう。

① $\frac{5}{6}$　　② $\frac{1}{2}$　　③ $\frac{13}{8}$

④ 7　　⑤ 0.9　　⑥ 2.3

テストに出るうんこ

厳選！

日本のうんこ企業10

7

自分好みのうんこ，探そ。

大型うんこ販売ショップ

エブリウンコ

14 かくにんテスト 2

点

今日のせいせき
まちがいが

0~2こ よくできたね！

3~5こ できたね

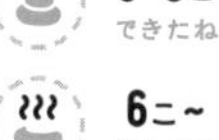
6こ~ がんばれ

1 計算をしましょう。 〈1つ5点〉

① $\frac{5}{8} \times \frac{3}{7}$

② $\frac{9}{14} \times \frac{8}{15}$

③ $\frac{4}{9} \times \frac{7}{10}$

④ $\frac{3}{8} \times \frac{10}{33}$

⑤ $6 \times \frac{8}{15}$

⑥ $1\frac{3}{7} \times \frac{4}{5}$

⑦ $\frac{12}{13} \times \frac{3}{16}$

⑧ $\frac{7}{6} \times \frac{9}{14}$

⑨ $1\frac{2}{3} \times \frac{1}{4}$

⑩ $2\frac{1}{4} \times 1\frac{1}{9}$

2 計算をしましょう。

〈1つ5点〉

① $\frac{3}{5} \times 5 \times \frac{1}{6}$

② $10 \times 1\frac{4}{5} \times \frac{4}{9}$

3 □にあてはまる等号，不等号を書きましょう。

〈1つ5点〉

① $\frac{5}{6} \times \frac{2}{3}$ □ $\frac{5}{6} \times \frac{5}{3}$　② $\frac{3}{8} \times \frac{9}{7}$ □ $\frac{3}{8}$

③ $\left(\frac{5}{6} - \frac{3}{4}\right) \times \frac{1}{3}$ □ $\frac{5}{6} \times \frac{1}{3} - \frac{3}{4} \times \frac{1}{3}$

4 次の数の逆数を求めましょう。

〈1つ5点〉

① $\frac{5}{11}$　② 8

5 次の企業（きぎょう）のうち，大切なうんこを預（あず）かってくれるのは，どれですか。

〈15点〉

あ エブリウンコ

15

分数÷分数①

今日のせいせき
まちがいが

0~2こ よくできたね！

3~5こ できたね
6こ~ がんばれ

分数÷分数は，分数の逆数を使ってかけ算に直すよ。
かけ算になったら，今までと同じように計算できるね。

1 $\frac{1}{5} \div \frac{4}{7}$ の計算のしかたを考えます。

分数÷分数の計算は，わる数の逆数をかける。

$$\frac{b}{a} \div \frac{d}{c} = \frac{b}{a} \times \frac{c}{d}$$

（b：ビー，a：エー，d：ディー，c：シー）

$$\frac{1}{5} \div \frac{4}{7} = \frac{1}{5} \times \frac{7}{4} = \frac{1 \times 7}{5 \times 4} = \frac{7}{20}$$

逆数をかける。

真分数と仮分数の逆数は，分母と分子を入れかえるのじゃ。

2 計算をしましょう。

① $\frac{2}{7} \div \frac{5}{9}$

② $\frac{1}{3} \div \frac{4}{5}$

③ $\frac{2}{3} \div \frac{5}{8}$

④ $\frac{5}{12} \div \frac{3}{7}$

⑤ $\frac{1}{4} \div \frac{2}{9}$

⑥ $\frac{4}{7} \div \frac{5}{9}$

⑦ $\frac{4}{9} \div \frac{3}{10}$

⑧ $\frac{1}{5} \div \frac{2}{3}$

⑨ $\frac{5}{6} \div \frac{2}{5}$

⑩ $\frac{5}{11} \div \frac{3}{4}$

 計算をしましょう。

① $\frac{5}{6} \div \frac{3}{13}$　　② $\frac{3}{10} \div \frac{2}{9}$

③ $\frac{10}{11} \div \frac{3}{4}$　　④ $\frac{1}{12} \div \frac{6}{7}$

⑤ $\frac{3}{8} \div \frac{4}{5}$　　⑥ $\frac{1}{4} \div \frac{5}{9}$

⑦ $\frac{3}{7} \div \frac{2}{3}$　　⑧ $\frac{6}{7} \div \frac{1}{6}$

テストに
出る
うんこ

厳選！

日本のうんこ企業10

8
うんこの情報をどこよりも早く！
うんこ専門放送局
日本うんこテレビ
今日も
うんこで元気

分数÷分数②

分数×分数の計算のときと同じように，
計算の途中(とちゅう)で約分できるときは約分するよ。

1 $\frac{9}{8} \div \frac{15}{4}$ の計算のしかたを考えます。

途中(とちゅう)で約分して計算する。

$$\frac{9}{8} \div \frac{15}{4} = \frac{9}{8} \times \frac{4}{15} = \frac{\overset{3}{\cancel{9}} \times \overset{1}{\cancel{4}}}{\underset{2}{\cancel{8}} \times \underset{5}{\cancel{15}}} = \frac{3}{10}$$

8と4を4でわる。15と9を3でわる。

2 計算をしましょう。

① $\frac{3}{8} \div \frac{5}{6}$　② $\frac{10}{7} \div \frac{4}{9}$　③ $\frac{3}{10} \div \frac{7}{4}$

④ $\frac{7}{10} \div \frac{14}{3}$　⑤ $\frac{21}{23} \div \frac{14}{5}$　⑥ $\frac{7}{12} \div \frac{1}{10}$

⑦ $\frac{9}{14} \div \frac{5}{8}$　⑧ $\frac{6}{11} \div \frac{4}{7}$

3 計算をしましょう。

① $\frac{15}{8} \div \frac{5}{4}$

② $\frac{8}{13} \div \frac{20}{39}$

③ $\frac{8}{45} \div \frac{6}{35}$

④ $\frac{4}{9} \div \frac{10}{27}$

⑤ $\frac{36}{35} \div \frac{8}{21}$

⑥ $\frac{25}{24} \div \frac{5}{18}$

⑦ $\frac{9}{14} \div \frac{18}{35}$

⑧ $\frac{16}{21} \div \frac{12}{7}$

うんこ文章題にチャレンジ！ 4

うんこに水をかけたいのですが，じゃ口から少しずつしか水が出ません。$\frac{4}{9}$時間で出た水の量は$\frac{7}{3}$Lです。1Lの水を用意するのに，何時間かかりますか。

式

答え ＿＿＿＿＿＿＿＿

分数÷分数③

今日のせいせき
まちがいが
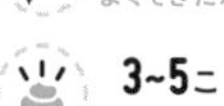
0~2こ よくできたね！
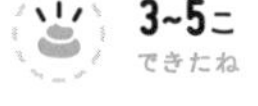
3~5こ できたね
6こ~ がんばれ

分数のわり算の練習をもっとやろう。
約分を忘れずにね。

1 計算をしましょう。

① $\frac{4}{5} \div \frac{6}{25}$

② $\frac{3}{10} \div \frac{7}{8}$

③ $\frac{6}{11} \div \frac{8}{13}$

④ $\frac{9}{56} \div \frac{6}{7}$

⑤ $\frac{5}{12} \div \frac{13}{18}$

⑥ $\frac{18}{35} \div \frac{10}{21}$

⑦ $\frac{14}{27} \div \frac{8}{45}$

⑧ $\frac{10}{17} \div \frac{15}{4}$

⑨ $\frac{21}{19} \div \frac{28}{13}$

⑩ $\frac{27}{25} \div \frac{21}{10}$

2 計算をしましょう。

① $\frac{5}{24} \div \frac{7}{18}$

② $\frac{4}{9} \div \frac{8}{11}$

③ $\frac{9}{10} \div \frac{6}{25}$

④ $\frac{8}{15} \div \frac{14}{45}$

⑤ $\frac{7}{18} \div \frac{21}{8}$

⑥ $\frac{7}{12} \div \frac{5}{14}$

テストに出るうんこ

厳選！

日本のうんこ企業10

9
もっとオシャレにうんこがしたい。
うんこ服の
うんこ&ウンコ
ビジネスシーンで頼れるうんこスタイル
うんこ&ウンコ

分数÷分数④

今日のせいせき

まちがいが

0~2こ よくできたね！

3~5こ できたね

6こ~ がんばれ

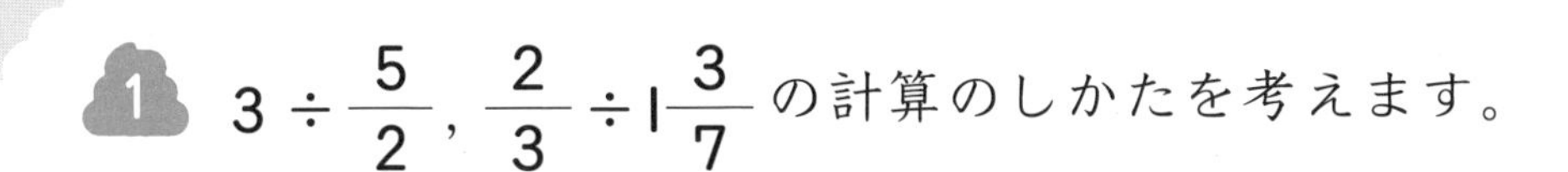

整数や帯分数のあるわり算だよ。今までと同じように計算できるように形を変えるよ。

1 $3 \div \frac{5}{2}$，$\frac{2}{3} \div 1\frac{3}{7}$ の計算のしかたを考えます。

・整数は分母が１の分数に直すと，分数÷分数の計算になる。
・帯分数は仮分数に直して計算する。

$$3 \div \frac{5}{2} = \frac{3}{1} \times \frac{2}{5} = \frac{3 \times 2}{1 \times 5} = \frac{6}{5}\left(1\frac{1}{5}\right)$$

分母が1の分数に直す。

3 ÷ 5/2 = 3 × 2/5 = (3×2)/5 と計算してもいいぞい。

$$\frac{2}{3} \div 1\frac{3}{7} = \frac{2}{3} \div \frac{10}{7} = \frac{2}{3} \times \frac{7}{10} = \frac{\overset{1}{\cancel{2}} \times 7}{3 \times \underset{5}{\cancel{10}}} = \frac{7}{15}$$

仮分数に直す。

2 計算をしましょう。

① $2 \div \frac{4}{9}$

② $6 \div \frac{2}{3}$

③ $8 \div \frac{3}{2}$

④ $3 \div \frac{15}{4}$

⑤ $\frac{3}{10} \div 1\frac{2}{3}$

⑥ $1\frac{1}{14} \div \frac{5}{6}$

⑦ $1\frac{5}{12} \div 1\frac{8}{9}$

⑧ $2\frac{5}{6} \div 1\frac{2}{3}$

 計算をしましょう。

① $4 \div \dfrac{3}{5}$

② $7 \div \dfrac{7}{4}$

③ $\dfrac{10}{3} \div 5$

5を$\dfrac{5}{1}$と考えると，
分数÷分数の計算に
なるのじゃ。

④ $\dfrac{5}{6} \div 15$

⑤ $2\dfrac{2}{9} \div \dfrac{20}{21}$

⑥ $1\dfrac{7}{24} \div \dfrac{5}{6}$

⑦ $\dfrac{15}{28} \div 2\dfrac{1}{7}$

⑧ $\dfrac{3}{8} \div 1\dfrac{1}{4}$

⑨ $1\dfrac{3}{10} \div 2\dfrac{1}{6}$

19 わる数の大きさと商の大きさの関係

今日のせいせき まちがいが

0~2こ よくできたね！

3~5こ できたね
6こ~ がんばれ

小数のわり算で，答えがわられる数より大きくなることがあったね。
分数でもわり算をして，答えが大きくなることがあるよ。

1 $\frac{4}{5}\div\frac{4}{7}$ の商は，わられる数の $\frac{4}{5}$ より大きくなるかどうかを考えます。

分数でわるわり算でも，1より小さい数でわると，商はわられる数より大きくなる。

わる数 ＜ 1 のとき， 商 ＞ わられる数
わる数 ＝ 1 のとき， 商 ＝ わられる数
わる数 ＞ 1 のとき， 商 ＜ わられる数

$\frac{4}{5}\div\frac{4}{7}$ の商は，わる数 $\frac{4}{7}$ が
1より小さいので，
商はわられる数 $\frac{4}{5}$ より（大きく）なる。

計算すると，

$$\frac{4}{5}\div\frac{4}{7}=\frac{4}{5}\times\frac{7}{4}=\frac{\overset{1}{\cancel{4}}\times 7}{5\times\underset{1}{\cancel{4}}}=\frac{7}{5}$$

だから，商は $\frac{4}{5}$ より大きくなるのじゃ。

2 商が $\frac{5}{9}$ より大きくなるものをすべて○で囲みましょう。

あ $\frac{5}{9}\div 2\frac{1}{3}$　　　い $\frac{5}{9}\div\frac{3}{11}$

う $\frac{5}{9}\div 1$　　　え $\frac{5}{9}\div\frac{7}{4}$

お $\frac{5}{9}\div\frac{1}{2}$　　　か $\frac{5}{9}\div 5$

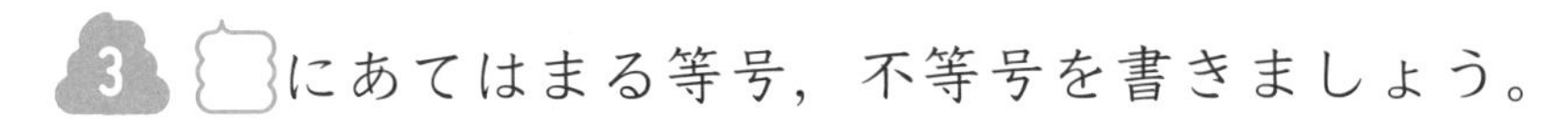

3 □にあてはまる等号，不等号を書きましょう。

① $3 \div \frac{5}{7}$ □ 3　　② $\frac{3}{5} \div \frac{5}{4}$ □ $\frac{3}{5}$

③ $\frac{3}{7} \div 1$ □ $\frac{3}{7}$　　④ $\frac{5}{6} \div \frac{1}{2}$ □ $\frac{5}{6} \div \frac{3}{2}$

4 次のわり算の式を，商の大きい順に並(なら)べましょう。

あ $50 \div \frac{5}{4}$　　い $50 \div \frac{4}{5}$　　う $50 \div 1$

え $50 \div 1\frac{3}{4}$　　お $50 \div \frac{3}{5}$

テストに出るうんこ

厳選！

日本のうんこ企業(きぎょう)10

10

いらないうんこ，お売り下さい！

うんこリサイクル業の

うんこ・オフ

分数のかけ算とわり算が混じった計算

今日のせいせき
まちがいが
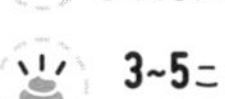
0~2こ よくできたね！

3~5こ できたね
6こ~ がんばれ

かけ算とわり算が混じった式は，わる数を逆数に変えてかけ算だけの式に直すと計算がラクだよ。

1 $\frac{2}{3} \div \frac{8}{9} \times \frac{5}{7}$ の計算のしかたを考えます。

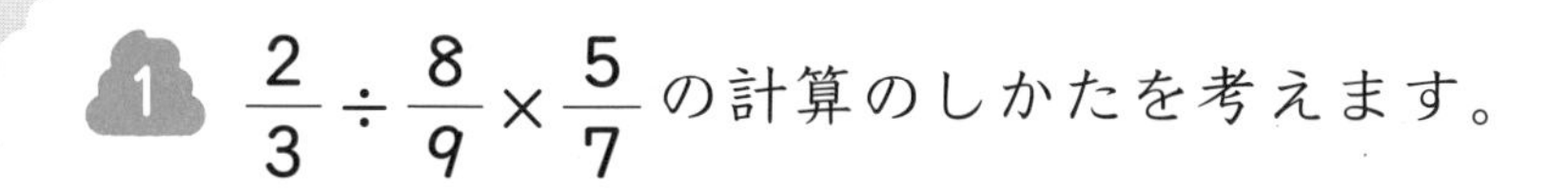

分数のかけ算とわり算の混じった式は，かけ算だけの式に直すと，分母どうし，分子どうしをまとめて計算できる。

$$\frac{2}{3} \div \frac{8}{9} \times \frac{5}{7} = \frac{2}{3} \times \frac{9}{8} \times \frac{5}{7}$$

$$= \frac{\overset{1}{\cancel{2}} \times \overset{3}{\cancel{9}} \times 5}{\underset{1}{\cancel{3}} \times \underset{4}{\cancel{8}} \times 7}$$

$$= \frac{15}{28}$$

÷の後ろの分数
だけを逆数に
するのじゃ。

2 計算をしましょう。

① $\frac{3}{4} \times \frac{5}{6} \div \frac{10}{9}$

② $\frac{5}{7} \div \frac{10}{13} \times \frac{14}{19}$

③ $\frac{1}{6} \div \frac{11}{9} \div \frac{17}{22}$

3 計算をしましょう。

9は，$\frac{9}{1}$と
分数に直して
計算するぞい。

① $\frac{15}{7} \div 9 \times \frac{14}{19}$

② $\frac{6}{7} \times \frac{21}{4} \div 12$

③ $\frac{8}{11} \div 10 \div \frac{5}{33}$

④ $18 \div \frac{3}{4} \times \frac{7}{12}$

21 かくにんテスト 3

点

今日のせいせき
まちがいが

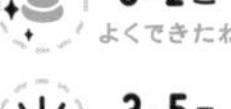
0~2こ よくできたね！

3~5こ できたね

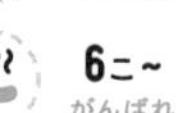
6こ~ がんばれ

1 計算をしましょう。 〈1つ5点〉

① $\frac{3}{10} \div \frac{2}{5}$

② $\frac{9}{14} \div \frac{6}{7}$

③ $\frac{3}{7} \div \frac{2}{9}$

④ $\frac{20}{51} \div \frac{10}{17}$

⑤ $\frac{5}{18} \div \frac{1}{12}$

⑥ $5 \div \frac{15}{7}$

⑦ $\frac{12}{13} \div \frac{9}{26}$

⑧ $\frac{4}{9} \div \frac{10}{13}$

⑨ $\frac{2}{3} \div 2\frac{1}{4}$

⑩ $1\frac{1}{9} \div 2\frac{1}{2}$

2 計算をしましょう。

〈1つ5点〉

① $\frac{3}{5} \div \frac{4}{5} \times \frac{8}{7}$

② $\frac{7}{18} \times 15 \div \frac{10}{9}$

③ $\frac{4}{5} \div \frac{6}{11} \div \frac{8}{9}$

3 □にあてはまる不等号を書きましょう。

〈1つ5点〉

① $\frac{8}{9} \div \frac{1}{4}$ □ $\frac{8}{9}$

② $\frac{5}{3} \div \frac{10}{9}$ □ $\frac{5}{3} \div \frac{8}{9}$

4 次のうち，うんこ専門(せんもん)の放送局「日本うんこテレビ」はどれですか。

〈25点〉

い

う

22 まとめテスト

6年生の分数

今日のせいせき
まちがいが
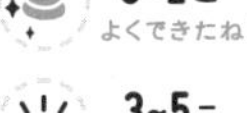
0~2こ よくできたね!
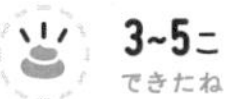
3~5こ できたね
6こ~ がんばれ

点

1 計算をしましょう。〈1つ5点〉

① $\frac{3}{4} \times 16$　② $\frac{3}{14} \times 7$

③ $\frac{9}{5} \div 18$　④ $\frac{6}{7} \div 9$

2 積が $\frac{2}{3}$ より小さくなるものをすべて○で囲みましょう。〈全部できて8点〉

あ $\frac{2}{3} \times \frac{5}{6}$　い $\frac{2}{3} \times \frac{8}{7}$

う $\frac{2}{3} \times 2\frac{1}{2}$　え $\frac{2}{3} \times \frac{1}{9}$

3 商が $\frac{3}{4}$ より大きくなるものをすべて○で囲みましょう。〈全部できて8点〉

あ $\frac{3}{4} \div \frac{8}{9}$　い $\frac{3}{4} \div \frac{6}{5}$

う $\frac{3}{4} \div 1\frac{2}{3}$　え $\frac{3}{4} \div \frac{1}{3}$

4 計算をしましょう。〈1つ5点〉

① $\frac{5}{8} \times \frac{4}{15}$　② $\frac{4}{15} \div \frac{9}{10}$

5 計算をしましょう。

〈1つ5点〉

① $\frac{7}{15} \times 1\frac{1}{14}$

② $12 \times \frac{3}{4}$

③ $2\frac{5}{8} \div \frac{7}{12}$

④ $18 \div \frac{9}{11}$

⑤ $\frac{5}{8} \times 6 \times \frac{3}{10}$

⑥ $12 \div \frac{3}{10} \times \frac{2}{15}$

6 次のうんこ企業の正しい名前をそれぞれ選んで，線で結びましょう。

〈全部できて24点〉

●　●　●

●　●　●

ホワイトうんこ　　うんこ製鉄　　うんこマッハ

答え

1ページ

5年生までのおさらい 整数のたし算・ひき算・かけ算・わり算

今日のせいせき まちがいが 0-2こ よくできたね！ 3-5こ できたね 6こ- がんばれ

5年生までに習った整数の計算の復習をしよう。

1 筆算で計算をしましょう。

① 329+494

```
  329
+ 494
  823
```

② 5428+1395

```
  5428
+ 1395
  6823
```

③ 623－187

```
  623
- 187
  436
```

④ 1004－896

```
  1004
-  896
   108
```

2 筆算で計算をしましょう。

① 254×7

```
  254
×   7
 1778
```

② 408×9

```
  408
×   9
 3672
```

③ 325×83

```
   325
×   83
   975
 2600
 26975
```

④ 806×64

```
   806
×   64
  3224
 4836
 51584
```

3ページ

5年生までのおさらい 小数のたし算・ひき算・かけ算・わり算

今日のせいせき まちがいが 0-2こ よくできたね！ 3-5こ できたね 6こ- がんばれ

5年生までに習った小数の計算をしよう。

1 筆算で計算をしましょう。

① 4.3+2.9

```
  4.3
+ 2.9
  7.2
```

② 2.3+7.7

```
  2.3
+ 7.7
 10.0
```

③ 16+7.8

```
  16
+  7.8
  23.8
```

④ 5.2－1.9

```
  5.2
- 1.9
  3.3
```

⑤ 9.2－8.3

```
  9.2
- 8.3
  0.9
```

⑥ 23－4.6

```
  23
-  4.6
  18.4
```

2 筆算で計算をしましょう。

① 23.8×17

```
  23.8
×   17
 1666
 238
 404.6
```

② 0.73×39

```
  0.73
×   39
   657
 219
 28.47
```

③ 5.3×3.4

```
    5.3
×   3.4
    212
  159
  18.02
```

④ 0.38×9.5

```
  0.38
×  9.5
   190
  342
 3.610
```

2ページ

3 商を一の位まで求め，あまりもだしましょう。

① 947÷5

```
     189
 5)947
   5
   44
   40
    47
    45
     2
```

② 968÷9

```
     107
 9)968
   9
    68
    63
     5
```

③ 897÷26

```
       34
 26)897
    78
    117
    104
     13
```

テストに出るうんこ

厳選！ 日本のうんこ企業10

1

うんこに刺す専用ピンを作って70年

うんこピンのフクダ

フクダのピン

フクダ

4ページ

3 わり切れるまで計算しましょう。

① 8.22÷6

```
     1.37
 6)8.22
   6
   22
   18
    42
    42
     0
```

② 8.16÷2.4

```
          3.4
 2.4)8.1.6
        72
        96
        96
         0
```

③ 14.7÷4.2

```
          3.5
 4.2)14.7
      126
      210
      210
        0
```

4 ①は，商を一の位まで求めて，あまりもだしましょう。
②は，商を四捨五入して，上から2けたのがい数で求めましょう。

① 60÷7.4

```
         8
 7.4)60.0
      592
      0.8
```

② 7.31÷1.3

```
        5.62
 1.3)7.3.1
      65
       81
       78
        30
        26
         4
```

答え

5ページ

5年生までのおさらい 分数のたし算・ひき算・分数

今日のせいせき まちがいが 0〜2こ よくできたね！ 3〜5こ できたね 6こ〜 がんばれ

5年生までに習った分数の復習をしよう。

1 計算をしましょう。

① $\frac{4}{5}+\frac{6}{5}=\frac{10}{5}=2$

② $\frac{11}{7}+\frac{3}{7}=\frac{14}{7}=2$

③ $\frac{3}{4}+\frac{4}{7}=\frac{21}{28}+\frac{16}{28}=\frac{37}{28}\left(1\frac{9}{28}\right)$

④ $\frac{8}{15}+\frac{2}{3}=\frac{8}{15}+\frac{10}{15}=\frac{18}{15}=\frac{6}{5}\left(1\frac{1}{5}\right)$

⑤ $\frac{5}{6}+\frac{11}{12}=\frac{10}{12}+\frac{11}{12}=\frac{21}{12}=\frac{7}{4}\left(1\frac{3}{4}\right)$

⑥ $3\frac{3}{8}+\frac{7}{20}=3\frac{15}{40}+\frac{14}{40}=3\frac{29}{40}\left(\frac{149}{40}\right)$

⑦ $2\frac{7}{9}+1\frac{13}{18}=2\frac{14}{18}+1\frac{13}{18}=3\frac{27}{18}=4\frac{9}{18}=4\frac{1}{2}\left(\frac{9}{2}\right)$

⑧ $\frac{10}{8}-\frac{3}{8}=\frac{7}{8}$

⑨ $\frac{7}{3}-\frac{1}{3}=\frac{6}{3}=2$

⑩ $\frac{5}{6}-\frac{3}{8}=\frac{20}{24}-\frac{9}{24}=\frac{11}{24}$

⑪ $\frac{1}{2}-\frac{1}{14}=\frac{7}{14}-\frac{1}{14}=\frac{6}{14}=\frac{3}{7}$

⑫ $\frac{5}{6}-\frac{1}{18}=\frac{15}{18}-\frac{1}{18}=\frac{14}{18}=\frac{7}{9}$

⑬ $3\frac{11}{15}-1\frac{2}{3}=3\frac{11}{15}-1\frac{10}{15}=2\frac{1}{15}\left(\frac{31}{15}\right)$

⑭ $2\frac{1}{4}-\frac{1}{10}=2\frac{5}{20}-\frac{2}{20}=2\frac{3}{20}\left(\frac{43}{20}\right)$

5

7ページ

分数×整数

今日のせいせき まちがいが 0〜2こ よくできたね！ 3〜5こ できたね 6こ〜 がんばれ

分数×整数の計算をするよ。計算の途中で約分できるときは約分してから計算するといいよ。

1 $\frac{7}{18}\times6$の計算のしかたを考えます。

分数×整数の計算は，分母はそのままにして，分子にその整数をかける。

$\frac{b}{a}\times c=\frac{b\times c}{a}$

$\frac{7}{18}\times6=\frac{7\times6}{18}=\frac{7}{3}\left(2\frac{1}{3}\right)$

計算の途中で約分するとよい。

2 計算をしましょう。

① $\frac{2}{7}\times4=\frac{2\times4}{7}=\frac{8}{7}\left(1\frac{1}{7}\right)$

② $\frac{3}{4}\times9=\frac{3\times9}{4}=\frac{27}{4}\left(6\frac{3}{4}\right)$

③ $\frac{5}{6}\times2=\frac{5\times2}{6}=\frac{5}{3}\left(1\frac{2}{3}\right)$

④ $\frac{3}{10}\times5=\frac{3\times5}{10}=\frac{3}{2}\left(1\frac{1}{2}\right)$

⑤ $\frac{2}{3}\times6=\frac{2\times6}{3}=4$

⑥ $\frac{5}{6}\times7=\frac{5\times7}{6}=\frac{35}{6}\left(5\frac{5}{6}\right)$

⑦ $\frac{2}{9}\times8=\frac{2\times8}{9}=\frac{16}{9}\left(1\frac{7}{9}\right)$

⑧ $\frac{5}{12}\times3=\frac{5\times3}{12}=\frac{5}{4}\left(1\frac{1}{4}\right)$

7

6ページ

2 □にあてはまる数を書きましょう。

① $4\div9=\frac{4}{9}$

② $\frac{13}{5}=13\div5$

3 小数や整数を分数で表しましょう。整数は1を分母とする分数で表しましょう。

① 2.9 $\frac{29}{10}\left(2\frac{9}{10}\right)$

② 0.13 $\frac{13}{100}$

③ 7 $\frac{7}{1}$

4 分数を小数か整数で表しましょう。

① $\frac{4}{5}=4\div5=0.8$

② $\frac{18}{3}=18\div3=6$

テストに出るうんこ
厳選！日本のうんこ企業10
2
どんなうんこでもキレイに洗います！
うんこ洗濯業の
ホワイトうんこ
大ものうんこ 大洗い
特急
30%OFF

8ページ

3 計算をしましょう。

① $\frac{3}{7}\times3=\frac{3\times3}{7}=\frac{9}{7}\left(1\frac{2}{7}\right)$

② $\frac{5}{6}\times12=\frac{5\times12}{6}=10$

③ $\frac{1}{2}\times8=\frac{1\times8}{2}=4$

④ $\frac{5}{8}\times4=\frac{5\times4}{8}=\frac{5}{2}\left(2\frac{1}{2}\right)$

⑤ $\frac{1}{6}\times6=\frac{1\times6}{6}=1$

⑥ $\frac{2}{3}\times5=\frac{2\times5}{3}=\frac{10}{3}\left(3\frac{1}{3}\right)$

⑦ $\frac{4}{5}\times15=\frac{4\times15}{5}=12$

⑧ $\frac{7}{12}\times10=\frac{7\times10}{12}=\frac{35}{6}\left(5\frac{5}{6}\right)$

⑨ $\frac{3}{4}\times2=\frac{3\times2}{4}=\frac{3}{2}\left(1\frac{1}{2}\right)$

⑩ $\frac{13}{25}\times100=\frac{13\times100}{25}=52$

うんこ文章題にチャレンジ！ 1

「うんこグリセリン」という爆薬は，たった1dLで$\frac{3}{14}$tのうんこを粉々に爆破できます。うんこグリセリン7dLでは，何tのうんこを爆破できますか。

式 $\frac{3}{14}\times7=\frac{3}{2}$

答え $\frac{3}{2}$t$\left(1\frac{1}{2}\text{t}\right)$

8

9ページ

分数÷整数

分数÷整数の計算をするよ。約分も忘れずにね。

今日のせいせき まちがいが 0-2こ よくできたね！ 3-5こ できたね 6こ～ がんばれ

1 $\frac{6}{7}\div 2$の計算のしかたを考えます。

分数÷整数の計算は，分子はそのままにして，分母にその整数をかける。

$$\frac{b}{a}\div c=\frac{b}{a\times c}$$

$$\frac{6}{7}\div 2=\frac{6}{7\times 2}=\frac{3}{7}$$

計算の途中で約分するとよい。

2 計算をしましょう。

① $\frac{1}{6}\div 5=\frac{1}{6\times 5}=\frac{1}{30}$

② $\frac{1}{4}\div 3=\frac{1}{4\times 3}=\frac{1}{12}$

③ $\frac{5}{6}\div 2=\frac{5}{6\times 2}=\frac{5}{12}$

④ $\frac{4}{11}\div 6=\frac{4}{11\times 6}=\frac{2}{33}$

⑤ $\frac{4}{9}\div 8=\frac{4}{9\times 8}=\frac{1}{18}$

⑥ $\frac{4}{7}\div 4=\frac{4}{7\times 4}=\frac{1}{7}$

⑦ $\frac{14}{15}\div 7=\frac{14}{15\times 7}=\frac{2}{15}$

⑧ $\frac{3}{4}\div 9=\frac{3}{4\times 9}=\frac{1}{12}$

9

10ページ

3 計算をしましょう。

① $\frac{8}{9}\div 4=\frac{8}{9\times 4}=\frac{2}{9}$

② $\frac{3}{7}\div 3=\frac{3}{7\times 3}=\frac{1}{7}$

③ $\frac{10}{13}\div 5=\frac{10}{13\times 5}=\frac{2}{13}$

④ $\frac{2}{5}\div 6=\frac{2}{5\times 6}=\frac{1}{15}$

⑤ $\frac{24}{11}\div 16=\frac{24}{11\times 16}=\frac{3}{22}$

⑥ $\frac{2}{3}\div 7=\frac{2}{3\times 7}=\frac{2}{21}$

⑦ $\frac{4}{5}\div 24=\frac{4}{5\times 24}=\frac{1}{30}$

⑧ $\frac{25}{7}\div 100=\frac{25}{7\times 100}=\frac{1}{28}$

⑨ $\frac{6}{11}\div 8=\frac{6}{11\times 8}=\frac{3}{44}$

⑩ $\frac{8}{25}\div 12=\frac{8}{25\times 12}=\frac{2}{75}$

リーダーがうんこ$\frac{5}{8}$kgを手に入れてきて，10人の部下に「平等に分けろよ。」と言いました。部下は1人何kgずつうんこを分ければよいですか。

式 $\frac{5}{8}\div 10=\frac{1}{16}$

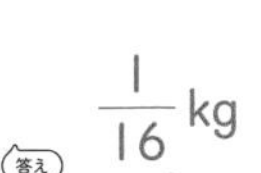

答え $\frac{1}{16}$kg

10

11ページ

6 かくにんテスト 1

点

今日のせいせき まちがいが 0-2こ よくできたね！ 3-5こ できたね 6こ～ がんばれ

1 計算をしましょう。 (1つ5点)

① $\frac{3}{14}\times 2=\frac{3\times 2}{14}=\frac{3}{7}$

② $\frac{4}{9}\times 4=\frac{4\times 4}{9}=\frac{16}{9}\left(1\frac{7}{9}\right)$

③ $\frac{4}{21}\times 7=\frac{4\times 7}{21}=\frac{4}{3}\left(1\frac{1}{3}\right)$

④ $\frac{5}{18}\times 12=\frac{5\times 12}{18}=\frac{10}{3}\left(3\frac{1}{3}\right)$

⑤ $\frac{2}{13}\times 8=\frac{2\times 8}{13}=\frac{16}{13}\left(1\frac{3}{13}\right)$

⑥ $\frac{3}{10}\times 8=\frac{3\times 8}{10}=\frac{12}{5}\left(2\frac{2}{5}\right)$

⑦ $\frac{3}{5}\times 20=\frac{3\times 20}{5}=12$

⑧ $\frac{8}{21}\times 3=\frac{8\times 3}{21}=\frac{8}{7}\left(1\frac{1}{7}\right)$

11

12ページ

2 計算をしましょう。 (1つ5点)

① $\frac{5}{8}\div 4=\frac{5}{8\times 4}=\frac{5}{32}$

② $\frac{4}{5}\div 12=\frac{4}{5\times 12}=\frac{1}{15}$

③ $\frac{6}{7}\div 3=\frac{6}{7\times 3}=\frac{2}{7}$

④ $\frac{21}{23}\div 7=\frac{21}{23\times 7}=\frac{3}{23}$

⑤ $\frac{8}{9}\div 6=\frac{8}{9\times 6}=\frac{4}{27}$

⑥ $\frac{4}{11}\div 16=\frac{4}{11\times 16}=\frac{1}{44}$

⑦ $\frac{9}{4}\div 36=\frac{9}{4\times 36}=\frac{1}{16}$

⑧ $\frac{5}{7}\div 15=\frac{5}{7\times 15}=\frac{1}{21}$

3 次のうち，「うんこピン」を作っている企業はどちらですか。 (20点)

あ

い

12

13ページ

分数×分数①

今日のせいせき まちがいが 0-2こ よくできたね! 3-5こ できたね 6こ~ がんばれ

分数×整数はできるようになったね。今度は、分数×分数の計算をするよ。

1 $\frac{2}{7}\times\frac{4}{5}$ の計算のしかたを考えます。

分数×分数の計算は，分母どうし，分子どうしをかける。

$\frac{b}{a}\times\frac{d}{c}=\frac{b\times d}{a\times c}$（ビー，エー，ディー，シー）

$\frac{2}{7}\times\frac{4}{5}=\frac{2\times4}{7\times5}=\frac{8}{35}$

2 計算をしましょう。

① $\frac{1}{10}\times\frac{3}{8}=\frac{1\times3}{10\times8}=\frac{3}{80}$

② $\frac{9}{11}\times\frac{3}{5}=\frac{9\times3}{11\times5}=\frac{27}{55}$

③ $\frac{5}{6}\times\frac{1}{4}=\frac{5\times1}{6\times4}=\frac{5}{24}$

④ $\frac{3}{2}\times\frac{3}{7}=\frac{3\times3}{2\times7}=\frac{9}{14}$

⑤ $\frac{3}{7}\times\frac{1}{10}=\frac{3\times1}{7\times10}=\frac{3}{70}$

⑥ $\frac{3}{7}\times\frac{5}{4}=\frac{3\times5}{7\times4}=\frac{15}{28}$

⑦ $\frac{3}{8}\times\frac{5}{2}=\frac{3\times5}{8\times2}=\frac{15}{16}$

⑧ $\frac{4}{7}\times\frac{2}{9}=\frac{4\times2}{7\times9}=\frac{8}{63}$

⑨ $\frac{4}{5}\times\frac{2}{7}=\frac{4\times2}{5\times7}=\frac{8}{35}$

⑩ $\frac{5}{6}\times\frac{1}{2}=\frac{5\times1}{6\times2}=\frac{5}{12}$

13

14ページ

3 計算をしましょう。

① $\frac{4}{5}\times\frac{1}{9}=\frac{4\times1}{5\times9}=\frac{4}{45}$

② $\frac{6}{11}\times\frac{2}{5}=\frac{6\times2}{11\times5}=\frac{12}{55}$

③ $\frac{3}{7}\times\frac{8}{11}=\frac{3\times8}{7\times11}=\frac{24}{77}$

④ $\frac{2}{3}\times\frac{1}{9}=\frac{2\times1}{3\times9}=\frac{2}{27}$

⑤ $\frac{5}{6}\times\frac{7}{9}=\frac{5\times7}{6\times9}=\frac{35}{54}$

⑥ $\frac{9}{10}\times\frac{7}{2}=\frac{9\times7}{10\times2}=\frac{63}{20}\left(3\frac{3}{20}\right)$

⑦ $\frac{5}{6}\times\frac{5}{3}=\frac{5\times5}{6\times3}=\frac{25}{18}\left(1\frac{7}{18}\right)$

⑧ $\frac{2}{3}\times\frac{11}{7}=\frac{2\times11}{3\times7}=\frac{22}{21}\left(1\frac{1}{21}\right)$

テストに出るうんこ
厳選!
日本のうんこ企業10
3
ドアからドアへ、今日もうんこを運ぶ
うんこ運送業の
うんこマッハ

15ページ

分数×分数②

今日のせいせき まちがいが 0-2こ よくできたね! 3-5こ できたね 6こ~ がんばれ

分数×整数の計算で計算の途中で約分できるときは約分したね。分数×分数のときも同じだよ。やってみよう。

1 $\frac{5}{6}\times\frac{2}{15}$ の計算のしかたを考えます。

途中で約分して計算する。

$\frac{5}{6}\times\frac{2}{15}=\frac{\overset{1}{\cancel{5}}\times\overset{1}{\cancel{2}}}{\underset{3}{\cancel{6}}\times\underset{3}{\cancel{15}}}=\frac{1}{9}$

6と2を2でわる。15と5を5でわる。

線をはさんでななめの数で約分できるのう。

2 計算をしましょう。

① $\frac{2}{9}\times\frac{5}{6}=\frac{\overset{1}{\cancel{2}}\times5}{9\times\underset{3}{\cancel{6}}}=\frac{5}{27}$

② $\frac{5}{18}\times\frac{8}{9}=\frac{5\times\overset{4}{\cancel{8}}}{\underset{9}{\cancel{18}}\times9}=\frac{20}{81}$

③ $\frac{4}{7}\times\frac{3}{10}=\frac{\overset{2}{\cancel{4}}\times3}{7\times\underset{5}{\cancel{10}}}=\frac{6}{35}$

④ $\frac{7}{15}\times\frac{3}{4}=\frac{7\times\overset{1}{\cancel{3}}}{\underset{5}{\cancel{15}}\times4}=\frac{7}{20}$

⑤ $\frac{6}{11}\times\frac{5}{9}=\frac{\overset{2}{\cancel{6}}\times5}{11\times\underset{3}{\cancel{9}}}=\frac{10}{33}$

⑥ $\frac{1}{8}\times\frac{4}{5}=\frac{1\times\overset{1}{\cancel{4}}}{\underset{2}{\cancel{8}}\times5}=\frac{1}{10}$

⑦ $\frac{5}{21}\times\frac{7}{8}=\frac{5\times\overset{1}{\cancel{7}}}{\underset{3}{\cancel{21}}\times8}=\frac{5}{24}$

⑧ $\frac{6}{7}\times\frac{3}{10}=\frac{\overset{3}{\cancel{6}}\times3}{7\times\underset{5}{\cancel{10}}}=\frac{9}{35}$

15

16ページ

3 計算をしましょう。

① $\frac{8}{15}\times\frac{5}{12}=\frac{\overset{2}{\cancel{8}}\times\overset{1}{\cancel{5}}}{\underset{3}{\cancel{15}}\times\underset{3}{\cancel{12}}}=\frac{2}{9}$

② $\frac{15}{16}\times\frac{4}{25}=\frac{\overset{3}{\cancel{15}}\times\overset{1}{\cancel{4}}}{\underset{4}{\cancel{16}}\times\underset{5}{\cancel{25}}}=\frac{3}{20}$

③ $\frac{3}{14}\times\frac{2}{9}=\frac{\overset{1}{\cancel{3}}\times\overset{1}{\cancel{2}}}{\underset{7}{\cancel{14}}\times\underset{3}{\cancel{9}}}=\frac{1}{21}$

④ $\frac{11}{8}\times\frac{10}{33}=\frac{\overset{1}{\cancel{11}}\times\overset{5}{\cancel{10}}}{\underset{4}{\cancel{8}}\times\underset{3}{\cancel{33}}}=\frac{5}{12}$

⑤ $\frac{3}{10}\times\frac{5}{6}=\frac{\overset{1}{\cancel{3}}\times\overset{1}{\cancel{5}}}{\underset{2}{\cancel{10}}\times\underset{2}{\cancel{6}}}=\frac{1}{4}$

⑥ $\frac{3}{28}\times\frac{7}{9}=\frac{\overset{1}{\cancel{3}}\times\overset{1}{\cancel{7}}}{\underset{4}{\cancel{28}}\times\underset{3}{\cancel{9}}}=\frac{1}{12}$

⑦ $\frac{5}{56}\times\frac{24}{35}=\frac{\overset{1}{\cancel{5}}\times\overset{3}{\cancel{24}}}{\underset{7}{\cancel{56}}\times\underset{7}{\cancel{35}}}=\frac{3}{49}$

⑧ $\frac{9}{16}\times\frac{10}{27}=\frac{\overset{1}{\cancel{9}}\times\overset{5}{\cancel{10}}}{\underset{8}{\cancel{16}}\times\underset{3}{\cancel{27}}}=\frac{5}{24}$

うんこ文章題にチャレンジ! 3

面積が $\frac{5}{3}$ km^2 の空き地があります。このうち，$\frac{9}{10}$ にあたる面積にうんこをしきつめることになりました。

うんこをしきつめる面積は何 km^2 になりますか。

式 $\frac{5}{3}\times\frac{9}{10}=\frac{3}{2}$

答え $\frac{3}{2}$ km^2 $\left(1\frac{1}{2}\text{ km}^2\right)$

16

答え

17ページ

分数×分数③

今日のせいせき まちがいが 0~2こ よくできたね! 3~5こ できたね 6こ~ がんばれ

分数のかけ算の練習をもっとやろう。
約分を忘れずにね。

1 計算をしましょう。

① $\frac{2}{11}\times\frac{1}{4}=\frac{2\times1}{11\times4}=\frac{1}{22}$

② $\frac{11}{18}\times\frac{9}{22}=\frac{11\times9}{18\times22}=\frac{1}{4}$

③ $\frac{2}{5}\times\frac{15}{8}=\frac{2\times15}{5\times8}=\frac{3}{4}$

④ $\frac{7}{12}\times\frac{8}{9}=\frac{7\times8}{12\times9}=\frac{14}{27}$

⑤ $\frac{35}{16}\times\frac{4}{21}=\frac{35\times4}{16\times21}=\frac{5}{12}$

⑥ $\frac{3}{16}\times\frac{4}{5}=\frac{3\times4}{16\times5}=\frac{3}{20}$

⑦ $\frac{13}{50}\times\frac{25}{27}=\frac{13\times25}{50\times27}=\frac{13}{54}$

⑧ $\frac{15}{14}\times\frac{4}{25}=\frac{15\times4}{14\times25}=\frac{6}{35}$

⑨ $\frac{12}{35}\times\frac{21}{20}=\frac{12\times21}{35\times20}=\frac{9}{25}$

⑩ $\frac{13}{24}\times\frac{16}{11}=\frac{13\times16}{24\times11}=\frac{26}{33}$

17

19ページ

分数×分数④

今日のせいせき まちがいが 0~2こ よくできたね! 3~5こ できたね 6こ~ がんばれ

整数や帯分数があるかけ算をするよ。
今までと同じように計算できるように形を変えるよ。

1 $3\times\frac{5}{8}$，$3\frac{1}{2}\times\frac{3}{7}$ の計算のしかたを考えます。

・整数は分母が1の分数に直すと，分数×分数の計算になる。
・帯分数は仮分数に直して計算する。

$3\times\frac{5}{8}=\frac{3}{1}\times\frac{5}{8}=\frac{3\times5}{1\times8}=\frac{15}{8}\left(1\frac{7}{8}\right)$

分母が1の分数に直す。

$3\times\frac{5}{8}=\frac{3\times5}{8}$ と計算してもいいぞい。

$3\frac{1}{2}\times\frac{3}{7}=\frac{7}{2}\times\frac{3}{7}=\frac{7\times3}{2\times7}=\frac{3}{2}\left(1\frac{1}{2}\right)$

仮分数に直す。

2 計算をしましょう。

① $4\times\frac{2}{5}=\frac{4}{1}\times\frac{2}{5}=\frac{4\times2}{1\times5}=\frac{8}{5}\left(1\frac{3}{5}\right)$

② $6\times\frac{7}{9}=\frac{6}{1}\times\frac{7}{9}=\frac{6\times7}{1\times9}=\frac{14}{3}\left(4\frac{2}{3}\right)$

③ $8\times\frac{5}{6}=\frac{8}{1}\times\frac{5}{6}=\frac{8\times5}{1\times6}=\frac{20}{3}\left(6\frac{2}{3}\right)$

④ $5\times\frac{3}{11}=\frac{5}{1}\times\frac{3}{11}=\frac{5\times3}{1\times11}=\frac{15}{11}\left(1\frac{4}{11}\right)$

⑤ $1\frac{1}{2}\times\frac{7}{9}=\frac{3}{2}\times\frac{7}{9}=\frac{3\times7}{2\times9}=\frac{7}{6}\left(1\frac{1}{6}\right)$

⑥ $\frac{5}{8}\times2\frac{2}{3}=\frac{5}{8}\times\frac{8}{3}=\frac{5\times8}{8\times3}=\frac{5}{3}\left(1\frac{2}{3}\right)$

⑦ $1\frac{3}{4}\times2\frac{2}{7}=\frac{7}{4}\times\frac{16}{7}=\frac{7\times16}{4\times7}=4$

⑧ $2\frac{2}{9}\times1\frac{1}{6}=\frac{20}{9}\times\frac{7}{6}=\frac{20\times7}{9\times6}=\frac{70}{27}\left(2\frac{16}{27}\right)$

19

18ページ

2 計算をしましょう。

① $\frac{17}{42}\times\frac{7}{10}=\frac{17\times7}{42\times10}=\frac{17}{60}$

② $\frac{4}{9}\times\frac{9}{8}=\frac{4\times9}{9\times8}=\frac{1}{2}$

③ $\frac{15}{11}\times\frac{11}{24}=\frac{15\times11}{11\times24}=\frac{5}{8}$

④ $\frac{5}{6}\times\frac{3}{17}=\frac{5\times3}{6\times17}=\frac{5}{34}$

⑤ $\frac{2}{3}\times\frac{9}{10}=\frac{2\times9}{3\times10}=\frac{3}{5}$

⑥ $\frac{10}{7}\times\frac{21}{20}=\frac{10\times21}{7\times20}=\frac{3}{2}\left(1\frac{1}{2}\right)$

テストに出るうんこ
4
うんこで金属と明日をつくる
うんこ鉄鋼業の
うんこ製鉄
厳選!
日本のうんこ企業10

20ページ

3 計算をしましょう。

① $3\times\frac{3}{10}=\frac{3}{1}\times\frac{3}{10}=\frac{3\times3}{1\times10}=\frac{9}{10}$

② $9\times\frac{5}{6}=\frac{9}{1}\times\frac{5}{6}=\frac{9\times5}{1\times6}=\frac{15}{2}\left(7\frac{1}{2}\right)$

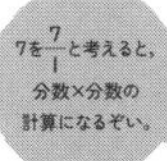

7を$\frac{7}{1}$と考えると，
分数×分数の
計算になるぞい。

③ $\frac{2}{3}\times7=\frac{2}{3}\times\frac{7}{1}=\frac{2\times7}{3\times1}=\frac{14}{3}\left(4\frac{2}{3}\right)$

④ $\frac{5}{6}\times4=\frac{5}{6}\times\frac{4}{1}=\frac{5\times4}{6\times1}=\frac{10}{3}\left(3\frac{1}{3}\right)$

⑤ $1\frac{1}{6}\times\frac{5}{9}=\frac{7}{6}\times\frac{5}{9}=\frac{7\times5}{6\times9}=\frac{35}{54}$

⑥ $2\frac{3}{5}\times\frac{3}{13}=\frac{13}{5}\times\frac{3}{13}=\frac{13\times3}{5\times13}=\frac{3}{5}$

⑦ $\frac{7}{10}\times1\frac{2}{7}=\frac{7}{10}\times\frac{9}{7}=\frac{7\times9}{10\times7}=\frac{9}{10}$

⑧ $2\frac{1}{3}\times\frac{6}{11}=\frac{7}{3}\times\frac{6}{11}=\frac{7\times6}{3\times11}=\frac{14}{11}\left(1\frac{3}{11}\right)$

⑨ $1\frac{3}{17}\times2\frac{1}{8}=\frac{20}{17}\times\frac{17}{8}=\frac{20\times17}{17\times8}=\frac{5}{2}\left(2\frac{1}{2}\right)$

20

答え

21ページ

いくつもの分数のかけ算

今日のせいせき まちがいが 0−2こ よくできたね！ 3−5こ できたね 6こ− がんばれ

いくつもの分数のかけ算は，まとめてかけるとラクだよ。やってみよう。

1 $\frac{1}{3}\times\frac{4}{5}\times\frac{9}{8}$ の計算のしかたを考えます。

いくつもの分数のかけ算は，分母どうし，分子どうしをまとめてかけて計算できる。

$\frac{1}{3}\times\frac{4}{5}\times\frac{9}{8}=\frac{1\times4\times9}{3\times5\times8}=\frac{3}{10}$

2 計算をしましょう。

① $\frac{3}{5}\times\frac{4}{9}\times\frac{5}{6}=\frac{3\times4\times5}{5\times9\times6}=\frac{2}{9}$

② $\frac{7}{12}\times\frac{3}{14}\times\frac{6}{11}=\frac{7\times3\times6}{12\times14\times11}=\frac{3}{44}$

③ $\frac{9}{14}\times\frac{7}{10}\times\frac{5}{18}=\frac{9\times7\times5}{14\times10\times18}=\frac{1}{8}$

23ページ

かける数の大きさと積の大きさの関係

今日のせいせき まちがいが 0−2こ よくできたね！ 3−5こ できたね 6こ− がんばれ

小数のかけ算で，答えがかけられる数より小さくなることがあったね。分数でもかけ算をして答えが小さくなることがあるよ。

1 $\frac{4}{5}\times\frac{1}{4}$ の積は，かけられる数の $\frac{4}{5}$ より小さくなるかどうかを考えます。

分数をかけるかけ算でも，1より小さい数をかけると，積はかけられる数より小さくなる。

かける数<1のとき，積<かけられる数
かける数=1のとき，積=かけられる数
かける数>1のとき，積>かけられる数

$\frac{4}{5}\times\frac{1}{4}$ の積は，かける数 $\frac{1}{4}$ が1より小さいので，

積はかけられる数 $\frac{4}{5}$ より 小さく なる。

2 積が $\frac{4}{7}$ より小さくなるものをすべて○で囲みましょう。

(あ) $\frac{4}{7}\times\frac{3}{8}$　い $\frac{4}{7}\times1\frac{1}{2}$

う $\frac{4}{7}\times1$　(え) $\frac{4}{7}\times\frac{11}{12}$

お $\frac{4}{7}\times\frac{5}{4}$　か $\frac{4}{7}\times2$

22ページ

3 計算をしましょう。

① $\frac{5}{9}\times27\times\frac{7}{10}=\frac{5}{9}\times\frac{27}{1}\times\frac{7}{10}=\frac{5\times27\times7}{9\times1\times10}=\frac{21}{2}\left(10\frac{1}{2}\right)$

② $18\times\frac{5}{6}\times\frac{9}{10}=\frac{18}{1}\times\frac{5}{6}\times\frac{9}{10}=\frac{18\times5\times9}{1\times6\times10}=\frac{27}{2}\left(13\frac{1}{2}\right)$

③ $2\frac{1}{2}\times\frac{7}{10}\times\frac{3}{7}=\frac{5}{2}\times\frac{7}{10}\times\frac{3}{7}=\frac{5\times7\times3}{2\times10\times7}=\frac{3}{4}$

④ $\frac{5}{9}\times14\times1\frac{2}{7}=\frac{5}{9}\times\frac{14}{1}\times\frac{9}{7}=\frac{5\times14\times9}{9\times1\times7}=10$

24ページ

3 □にあてはまる等号，不等号を書きましょう。

① $6\times1\frac{2}{3}$ > 6　② $\frac{3}{5}\times\frac{1}{2}$ < $\frac{3}{5}$

③ $\frac{5}{9}\times1$ = $\frac{5}{9}$　④ $\frac{5}{8}\times\frac{1}{3}$ < $\frac{5}{8}\times\frac{4}{3}$

4 次のかけ算の式を，積の大きい順に並べましょう。

(あ) $50\times\frac{5}{4}$　(い) $50\times\frac{4}{5}$　(う) 50×1

(え) $50\times1\frac{3}{4}$　(お) $50\times\frac{3}{5}$

(え)→(あ)→(う)→(い)→(お)

答え

25ページ

計算のきまり・逆数

今日のせいせき まちがいが
0-2こ よくできたね！
3-5こ できたね
6こ～ がんばれ

整数・小数と同じように分数でも計算のきまりが成り立つよ。
この計算のきまりを使って工夫して計算しよう。

1 $\left(\frac{7}{9}+\frac{5}{4}\right)\times 36$を工夫して計算するしかたを考えます。

計算のきまり
- $a \times b = b \times a$
- $(a \times b) \times c = a \times (b \times c)$
- $(a + b) \times c = a \times c + b \times c$
- $(a - b) \times c = a \times c - b \times c$

$$\left(\frac{7}{9}+\frac{5}{4}\right)\times 36 = \frac{7}{9}\times 36 + \boxed{\frac{5}{4}}\times 36 = \frac{7\times 36}{9}+\frac{5\times 36}{4} = 28 + 45 = 73$$

2 □にあてはまる数を書いて，計算しましょう。

① $\left(\frac{1}{3}\times\frac{4}{7}\right)\times\frac{7}{4} = \boxed{\frac{1}{3}}\times\left(\frac{4}{7}\times\frac{7}{4}\right)$ ……続けて計算しましょう。

$=\frac{1}{3}\times\frac{4\times 7}{7\times 4}=\frac{1}{3}\times 1=\frac{1}{3}$

② $\left(\frac{2}{5}+\frac{3}{4}\right)\times 20=\frac{2}{5}\times\boxed{20}+\frac{3}{4}\times\boxed{20}$

$=\frac{2\times 20}{5}+\frac{3\times 20}{4}=8+15=23$

③ $\frac{5}{9}\times 8+\frac{5}{9}\times 10=\frac{5}{9}\times\left(\boxed{8}+\boxed{10}\right)$

$=\frac{5}{9}\times 18=\frac{5\times 18}{9}=10$

④ $\frac{5}{8}\times\frac{2}{3}-\frac{1}{4}\times\frac{2}{3}=\left(\frac{5}{8}-\frac{1}{4}\right)\times\boxed{\frac{2}{3}}$

$=\left(\frac{5}{8}-\frac{2}{8}\right)\times\frac{2}{3}=\frac{3}{8}\times\frac{2}{3}=\frac{3\times 2}{8\times 3}=\frac{1}{4}$

27ページ

14 かくにんテスト 2

点

今日のせいせき まちがいが
0-2こ よくできたね！
3-5こ できたね
6こ～ がんばれ

1 計算をしましょう。 〈1つ5点〉

① $\frac{5}{8}\times\frac{3}{7}$
$=\frac{5\times 3}{8\times 7}=\frac{15}{56}$

② $\frac{9}{14}\times\frac{8}{15}$
$=\frac{9\times 8}{14\times 15}=\frac{12}{35}$

③ $\frac{4}{9}\times\frac{7}{10}$
$=\frac{4\times 7}{9\times 10}=\frac{14}{45}$

④ $\frac{3}{8}\times\frac{10}{33}$
$=\frac{3\times 10}{8\times 33}=\frac{5}{44}$

⑤ $6\times\frac{8}{15}$
$=\frac{6}{1}\times\frac{8}{15}$
$=\frac{6\times 8}{1\times 15}=\frac{16}{5}\left(3\frac{1}{5}\right)$

⑥ $1\frac{3}{7}\times\frac{4}{5}$
$=\frac{10}{7}\times\frac{4}{5}$
$=\frac{10\times 4}{7\times 5}=\frac{8}{7}\left(1\frac{1}{7}\right)$

⑦ $\frac{12}{13}\times\frac{3}{16}$
$=\frac{12\times 3}{13\times 16}=\frac{9}{52}$

⑧ $\frac{7}{6}\times\frac{9}{14}$
$=\frac{7\times 9}{6\times 14}=\frac{3}{4}$

⑨ $1\frac{2}{3}\times\frac{1}{4}$
$=\frac{5}{3}\times\frac{1}{4}=\frac{5\times 1}{3\times 4}=\frac{5}{12}$

⑩ $2\frac{1}{4}\times 1\frac{1}{9}$
$=\frac{9}{4}\times\frac{10}{9}$
$=\frac{9\times 10}{4\times 9}=\frac{5}{2}\left(2\frac{1}{2}\right)$

26ページ

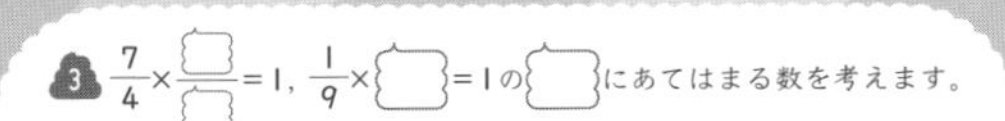

3 $\frac{7}{4}\times\frac{\square}{\square}=1$，$\frac{1}{9}\times\square=1$の□にあてはまる数を考えます。

$\frac{7}{4}\times\boxed{\frac{4}{7}}=1$，$\frac{1}{9}\times\boxed{9}=1$

$\frac{7}{4}$と$\frac{4}{7}$，$\frac{1}{9}$と9のように，2つの数の積が1になるとき，一方の数をもう一方の数の逆数という。

4 次の数の逆数を求めましょう。

① $\frac{5}{6}$　$\frac{6}{5}$

② $\frac{1}{2}$　2

③ $\frac{13}{8}$　$\frac{8}{13}$

④ 7　$7=\frac{7}{1}$だから，逆数は$\frac{1}{7}$

⑤ 0.9　$0.9=\frac{9}{10}$だから，逆数は$\frac{10}{9}$

⑥ 2.3　$2.3=\frac{23}{10}$だから，逆数は$\frac{10}{23}$

テストに出るうんこ
厳選！
日本のうんこ企業10
7
自分好みのうんこ，探そ。
大型うんこ販売ショップ
エブリウンコ

28ページ

2 計算をしましょう。 〈1つ5点〉

① $\frac{3}{5}\times 5\times\frac{1}{6}=\frac{3}{5}\times\frac{5}{1}\times\frac{1}{6}=\frac{3\times 5\times 1}{5\times 1\times 6}=\frac{1}{2}$

② $10\times 1\frac{4}{5}\times\frac{4}{9}=\frac{10}{1}\times\frac{9}{5}\times\frac{4}{9}=\frac{10\times 9\times 4}{1\times 5\times 9}=8$

3 □にあてはまる等号，不等号を書きましょう。 〈1つ5点〉

① $\frac{5}{6}\times\frac{2}{3}\ \boxed{<}\ \frac{5}{6}\times\frac{5}{3}$

② $\frac{3}{8}\times\frac{9}{7}\ \boxed{>}\ \frac{3}{8}$

③ $\left(\frac{5}{6}-\frac{3}{4}\right)\times\frac{1}{3}\ \boxed{=}\ \frac{5}{6}\times\frac{1}{3}-\frac{3}{4}\times\frac{1}{3}$

4 次の数の逆数を求めましょう。 〈1つ5点〉

① $\frac{5}{11}$　$\frac{11}{5}$

② 8　$8=\frac{8}{1}$だから，逆数は$\frac{1}{8}$

5 次の企業のうち，大切なうんこを預かってくれるのは，どれですか。 〈15点〉

あ エブリウンコ

い UNCORP

う マイうん庫

答え

29ページ

15 分数÷分数①

今日のせいせき まちがいが 0-2こ よくできたね! 3-5こ できたね 6こ〜 がんばれ

分数÷分数は、分数の逆数を使ってかけ算に直すよ。かけ算になったら、今までと同じように計算できるね。

1 $\frac{1}{5}\div\frac{4}{7}$ の計算のしかたを考えます。

分数÷分数の計算は、わる数の逆数をかける。

$\frac{b}{a}\div\frac{d}{c}=\frac{b}{a}\times\frac{c}{d}$

$\frac{1}{5}\div\frac{4}{7}=\frac{1}{5}\times\frac{7}{4}=\frac{1\times7}{5\times4}=\frac{7}{20}$

逆数をかける。

真分数と
仮分数の逆数は、
分母と分子を
入れかえるのじゃ。

2 計算をしましょう。

① $\frac{2}{7}\div\frac{5}{9}=\frac{2}{7}\times\frac{9}{5}=\frac{2\times9}{7\times5}=\frac{18}{35}$

② $\frac{1}{3}\div\frac{4}{5}=\frac{1}{3}\times\frac{5}{4}=\frac{1\times5}{3\times4}=\frac{5}{12}$

③ $\frac{2}{3}\div\frac{5}{8}=\frac{2}{3}\times\frac{8}{5}=\frac{2\times8}{3\times5}=\frac{16}{15}\left(1\frac{1}{15}\right)$

④ $\frac{5}{12}\div\frac{3}{7}=\frac{5}{12}\times\frac{7}{3}=\frac{5\times7}{12\times3}=\frac{35}{36}$

⑤ $\frac{1}{4}\div\frac{2}{9}=\frac{1}{4}\times\frac{9}{2}=\frac{1\times9}{4\times2}=\frac{9}{8}\left(1\frac{1}{8}\right)$

⑥ $\frac{4}{7}\div\frac{5}{9}=\frac{4}{7}\times\frac{9}{5}=\frac{4\times9}{7\times5}=\frac{36}{35}\left(1\frac{1}{35}\right)$

⑦ $\frac{4}{9}\div\frac{3}{10}=\frac{4}{9}\times\frac{10}{3}=\frac{4\times10}{9\times3}=\frac{40}{27}\left(1\frac{13}{27}\right)$

⑧ $\frac{1}{5}\div\frac{2}{3}=\frac{1}{5}\times\frac{3}{2}=\frac{1\times3}{5\times2}=\frac{3}{10}$

⑨ $\frac{5}{6}\div\frac{2}{5}=\frac{5}{6}\times\frac{5}{2}=\frac{5\times5}{6\times2}=\frac{25}{12}\left(2\frac{1}{12}\right)$

⑩ $\frac{5}{11}\div\frac{3}{4}=\frac{5}{11}\times\frac{4}{3}=\frac{5\times4}{11\times3}=\frac{20}{33}$

29

31ページ

16 分数÷分数②

今日のせいせき まちがいが 0-2こ よくできたね! 3-5こ できたね 6こ〜 がんばれ

分数×分数の計算のときと同じように、計算の途中で約分できるときは約分するよ。

1 $\frac{9}{8}\div\frac{15}{4}$ の計算のしかたを考えます。

途中で約分して計算する。

$\frac{9}{8}\div\frac{15}{4}=\frac{9}{8}\times\frac{4}{15}=\frac{\overset{3}{\cancel{9}}\times\overset{1}{\cancel{4}}}{\underset{2}{\cancel{8}}\times\underset{5}{\cancel{15}}}=\frac{3}{10}$

8と4を4でわる。15と9を3でわる。

2 計算をしましょう。

① $\frac{3}{8}\div\frac{5}{6}=\frac{3}{8}\times\frac{6}{5}=\frac{3\times6}{8\times5}=\frac{9}{20}$

② $\frac{10}{7}\div\frac{4}{9}=\frac{10}{7}\times\frac{9}{4}=\frac{10\times9}{7\times4}=\frac{45}{14}\left(3\frac{3}{14}\right)$

③ $\frac{3}{10}\div\frac{7}{4}=\frac{3}{10}\times\frac{4}{7}=\frac{3\times4}{10\times7}=\frac{6}{35}$

④ $\frac{7}{10}\div\frac{14}{3}=\frac{7}{10}\times\frac{3}{14}=\frac{7\times3}{10\times14}=\frac{3}{20}$

⑤ $\frac{21}{23}\div\frac{14}{5}=\frac{21}{23}\times\frac{5}{14}=\frac{21\times5}{23\times14}=\frac{15}{46}$

⑥ $\frac{7}{12}\div\frac{1}{10}=\frac{7}{12}\times\frac{10}{1}=\frac{7\times10}{12\times1}=\frac{35}{6}\left(5\frac{5}{6}\right)$

⑦ $\frac{9}{14}\div\frac{5}{8}=\frac{9}{14}\times\frac{8}{5}=\frac{9\times8}{14\times5}=\frac{36}{35}\left(1\frac{1}{35}\right)$

⑧ $\frac{6}{11}\div\frac{4}{7}=\frac{6}{11}\times\frac{7}{4}=\frac{6\times7}{11\times4}=\frac{21}{22}$

31

30ページ

3 計算をしましょう。

① $\frac{5}{6}\div\frac{3}{13}=\frac{5}{6}\times\frac{13}{3}=\frac{5\times13}{6\times3}=\frac{65}{18}\left(3\frac{11}{18}\right)$

② $\frac{3}{10}\div\frac{2}{9}=\frac{3}{10}\times\frac{9}{2}=\frac{3\times9}{10\times2}=\frac{27}{20}\left(1\frac{7}{20}\right)$

③ $\frac{10}{11}\div\frac{3}{4}=\frac{10}{11}\times\frac{4}{3}=\frac{10\times4}{11\times3}=\frac{40}{33}\left(1\frac{7}{33}\right)$

④ $\frac{1}{12}\div\frac{6}{7}=\frac{1}{12}\times\frac{7}{6}=\frac{1\times7}{12\times6}=\frac{7}{72}$

⑤ $\frac{3}{8}\div\frac{4}{5}=\frac{3}{8}\times\frac{5}{4}=\frac{3\times5}{8\times4}=\frac{15}{32}$

⑥ $\frac{1}{4}\div\frac{5}{9}=\frac{1}{4}\times\frac{9}{5}=\frac{1\times9}{4\times5}=\frac{9}{20}$

⑦ $\frac{3}{7}\div\frac{2}{3}=\frac{3}{7}\times\frac{3}{2}=\frac{3\times3}{7\times2}=\frac{9}{14}$

⑧ $\frac{6}{7}\div\frac{1}{6}=\frac{6}{7}\times\frac{6}{1}=\frac{6\times6}{7\times1}=\frac{36}{7}\left(5\frac{1}{7}\right)$

テストに出るうんこ
8
厳選!
日本のうんこ企業10
うんこの情報をどこよりも早く!
うんこ専門放送局
日本うんこテレビ
今日もうんこで元気

32ページ

3 計算をしましょう。

① $\frac{15}{8}\div\frac{5}{4}=\frac{15}{8}\times\frac{4}{5}=\frac{15\times4}{8\times5}=\frac{3}{2}\left(1\frac{1}{2}\right)$

② $\frac{8}{13}\div\frac{20}{39}=\frac{8}{13}\times\frac{39}{20}=\frac{8\times39}{13\times20}=\frac{6}{5}\left(1\frac{1}{5}\right)$

③ $\frac{8}{45}\div\frac{6}{35}=\frac{8}{45}\times\frac{35}{6}=\frac{8\times35}{45\times6}=\frac{28}{27}\left(1\frac{1}{27}\right)$

④ $\frac{4}{9}\div\frac{10}{27}=\frac{4}{9}\times\frac{27}{10}=\frac{4\times27}{9\times10}=\frac{6}{5}\left(1\frac{1}{5}\right)$

⑤ $\frac{36}{35}\div\frac{8}{21}=\frac{36}{35}\times\frac{21}{8}=\frac{36\times21}{35\times8}=\frac{27}{10}\left(2\frac{7}{10}\right)$

⑥ $\frac{25}{24}\div\frac{5}{18}=\frac{25}{24}\times\frac{18}{5}=\frac{25\times18}{24\times5}=\frac{15}{4}\left(3\frac{3}{4}\right)$

⑦ $\frac{9}{14}\div\frac{18}{35}=\frac{9}{14}\times\frac{35}{18}=\frac{9\times35}{14\times18}=\frac{5}{4}\left(1\frac{1}{4}\right)$

⑧ $\frac{16}{21}\div\frac{12}{7}=\frac{16}{21}\times\frac{7}{12}=\frac{16\times7}{21\times12}=\frac{4}{9}$

うんこに水をかけたいのですが、じゃ口から少しずつしか水が出ません。$\frac{4}{9}$時間で出た水の量は$\frac{7}{3}$Lです。1Lの水を用意するのに、何時間かかりますか。

式 $\frac{4}{9}\div\frac{7}{3}=\frac{4}{21}$

答え $\frac{4}{21}$時間

32

33ページ

分数÷分数③

今日のせいせき まちがいが 0~2こ よくできたね！ 3~5こ できたね 6こ~ がんばれ

分数のわり算の練習をもっとやろう。約分を忘れずにね。

1 計算をしましょう。

① $\frac{4}{5} \div \frac{6}{25} = \frac{4}{5} \times \frac{25}{6} = \frac{4 \times 25}{5 \times 6} = \frac{10}{3}\left(3\frac{1}{3}\right)$

② $\frac{3}{10} \div \frac{7}{8} = \frac{3}{10} \times \frac{8}{7} = \frac{3 \times 8}{10 \times 7} = \frac{12}{35}$

③ $\frac{6}{11} \div \frac{8}{13} = \frac{6}{11} \times \frac{13}{8} = \frac{6 \times 13}{11 \times 8} = \frac{39}{44}$

④ $\frac{9}{56} \div \frac{6}{7} = \frac{9}{56} \times \frac{7}{6} = \frac{9 \times 7}{56 \times 6} = \frac{3}{16}$

⑤ $\frac{5}{12} \div \frac{13}{18} = \frac{5}{12} \times \frac{18}{13} = \frac{5 \times 18}{12 \times 13} = \frac{15}{26}$

⑥ $\frac{18}{35} \div \frac{10}{21} = \frac{18}{35} \times \frac{21}{10} = \frac{18 \times 21}{35 \times 10} = \frac{27}{25}\left(1\frac{2}{25}\right)$

⑦ $\frac{14}{27} \div \frac{8}{45} = \frac{14}{27} \times \frac{45}{8} = \frac{14 \times 45}{27 \times 8} = \frac{35}{12}\left(2\frac{11}{12}\right)$

⑧ $\frac{10}{17} \div \frac{15}{4} = \frac{10}{17} \times \frac{4}{15} = \frac{10 \times 4}{17 \times 15} = \frac{8}{51}$

⑨ $\frac{21}{19} \div \frac{28}{13} = \frac{21}{19} \times \frac{13}{28} = \frac{21 \times 13}{19 \times 28} = \frac{39}{76}$

⑩ $\frac{27}{25} \div \frac{21}{10} = \frac{27}{25} \times \frac{10}{21} = \frac{27 \times 10}{25 \times 21} = \frac{18}{35}$

33

35ページ

分数÷分数④

今日のせいせき まちがいが 0~2こ よくできたね！ 3~5こ できたね 6こ~ がんばれ

整数や帯分数のあるわり算だよ。今までと同じように計算できるように形を変えるよ。

1 $3 \div \frac{5}{2}$, $\frac{2}{3} \div 1\frac{3}{7}$ の計算のしかたを考えます。

・整数は分母が1の分数に直すと、分数÷分数の計算になる。
・帯分数は仮分数に直して計算する。

$3 \div \frac{5}{2} = \frac{3}{1} \times \frac{2}{5} = \frac{3 \times 2}{1 \times 5} = \frac{6}{5}\left(1\frac{1}{5}\right)$

分母が1の分数に直す。

$3 \div \frac{5}{2} = 3 \times \frac{2}{5} = \frac{3 \times 2}{5}$ と計算してもいいぞい。

$\frac{2}{3} \div 1\frac{3}{7} = \frac{2}{3} \div \frac{10}{7} = \frac{2}{3} \times \frac{7}{10} = \frac{2 \times 7}{3 \times 10} = \frac{7}{15}$

仮分数に直す。

2 計算をしましょう。

① $2 \div \frac{4}{9} = \frac{2}{1} \times \frac{9}{4} = \frac{2 \times 9}{1 \times 4} = \frac{9}{2}\left(4\frac{1}{2}\right)$

② $6 \div \frac{2}{3} = \frac{6}{1} \times \frac{3}{2} = \frac{6 \times 3}{1 \times 2} = 9$

③ $8 \div \frac{3}{2} = \frac{8}{1} \times \frac{2}{3} = \frac{8 \times 2}{1 \times 3} = \frac{16}{3}\left(5\frac{1}{3}\right)$

④ $3 \div \frac{15}{4} = \frac{3}{1} \times \frac{4}{15} = \frac{3 \times 4}{1 \times 15} = \frac{4}{5}$

⑤ $\frac{3}{10} \div 1\frac{2}{3} = \frac{3}{10} \div \frac{5}{3} = \frac{3}{10} \times \frac{3}{5} = \frac{3 \times 3}{10 \times 5} = \frac{9}{50}$

⑥ $1\frac{1}{14} \div \frac{5}{6} = \frac{15}{14} \times \frac{6}{5} = \frac{15 \times 6}{14 \times 5} = \frac{9}{7}\left(1\frac{2}{7}\right)$

⑦ $1\frac{5}{12} \div 1\frac{8}{9} = \frac{17}{12} \div \frac{17}{9} = \frac{17}{12} \times \frac{9}{17} = \frac{17 \times 9}{12 \times 17} = \frac{3}{4}$

⑧ $2\frac{5}{6} \div 1\frac{2}{3} = \frac{17}{6} \div \frac{5}{3} = \frac{17}{6} \times \frac{3}{5} = \frac{17 \times 3}{6 \times 5} = \frac{17}{10}\left(1\frac{7}{10}\right)$

35

34ページ

2 計算をしましょう。

① $\frac{5}{24} \div \frac{7}{18} = \frac{5}{24} \times \frac{18}{7} = \frac{5 \times 18}{24 \times 7} = \frac{15}{28}$

② $\frac{4}{9} \div \frac{8}{11} = \frac{4}{9} \times \frac{11}{8} = \frac{4 \times 11}{9 \times 8} = \frac{11}{18}$

③ $\frac{9}{10} \div \frac{6}{25} = \frac{9}{10} \times \frac{25}{6} = \frac{9 \times 25}{10 \times 6} = \frac{15}{4}\left(3\frac{3}{4}\right)$

④ $\frac{8}{15} \div \frac{14}{45} = \frac{8}{15} \times \frac{45}{14} = \frac{8 \times 45}{15 \times 14} = \frac{12}{7}\left(1\frac{5}{7}\right)$

⑤ $\frac{7}{18} \div \frac{21}{8} = \frac{7}{18} \times \frac{8}{21} = \frac{7 \times 8}{18 \times 21} = \frac{4}{27}$

⑥ $\frac{7}{12} \div \frac{5}{14} = \frac{7}{12} \times \frac{14}{5} = \frac{7 \times 14}{12 \times 5} = \frac{49}{30}\left(1\frac{19}{30}\right)$

テストに出るうんこ
9
もっとオシャレにうんこがしたい。
うんこ服の
うんこ&ウンコ
厳選！
日本のうんこ企業10

36ページ

3 計算をしましょう。

① $4 \div \frac{3}{5} = \frac{4}{1} \times \frac{5}{3} = \frac{4 \times 5}{1 \times 3} = \frac{20}{3}\left(6\frac{2}{3}\right)$

② $7 \div \frac{7}{4} = \frac{7}{1} \times \frac{4}{7} = \frac{7 \times 4}{1 \times 7} = 4$

③ $\frac{10}{3} \div 5 = \frac{10}{3} \div \frac{5}{1} = \frac{10}{3} \times \frac{1}{5} = \frac{10 \times 1}{3 \times 5} = \frac{2}{3}$

5を$\frac{5}{1}$と考えると、分数÷分数の計算になるのじゃ。

④ $\frac{5}{6} \div 15 = \frac{5}{6} \div \frac{15}{1} = \frac{5}{6} \times \frac{1}{15} = \frac{5 \times 1}{6 \times 15} = \frac{1}{18}$

⑤ $2\frac{2}{9} \div \frac{20}{21} = \frac{20}{9} \times \frac{21}{20} = \frac{20 \times 21}{9 \times 20} = \frac{7}{3}\left(2\frac{1}{3}\right)$

⑥ $1\frac{7}{24} \div \frac{5}{6} = \frac{31}{24} \times \frac{6}{5} = \frac{31 \times 6}{24 \times 5} = \frac{31}{20}\left(1\frac{11}{20}\right)$

⑦ $\frac{15}{28} \div 2\frac{1}{7} = \frac{15}{28} \div \frac{15}{7} = \frac{15}{28} \times \frac{7}{15} = \frac{15 \times 7}{28 \times 15} = \frac{1}{4}$

⑧ $\frac{3}{8} \div 1\frac{1}{4} = \frac{3}{8} \div \frac{5}{4} = \frac{3}{8} \times \frac{4}{5} = \frac{3 \times 4}{8 \times 5} = \frac{3}{10}$

⑨ $1\frac{3}{10} \div 2\frac{1}{6} = \frac{13}{10} \div \frac{13}{6} = \frac{13}{10} \times \frac{6}{13} = \frac{13 \times 6}{10 \times 13} = \frac{3}{5}$

36

37ページ

わる数の大きさと商の大きさの関係

今日のせいせき まちがいが
0-2こ よくできたね!
3-5こ できたね
6こ~ がんばれ

小数のわり算で、答えがわられる数より大きくなることがあったね。
分数でもわり算をして、答えが大きくなることがあるよ。

1 $\frac{4}{5} \div \frac{4}{7}$ の商は，わられる数の $\frac{4}{5}$ より大きくなるかどうかを考えます。

分数でわるわり算でも，1より小さい数でわると，商はわられる数より大きくなる。

わる数＜1のとき，　商＞わられる数
わる数＝1のとき，　商＝わられる数
わる数＞1のとき，　商＜わられる数

$\frac{4}{5} \div \frac{4}{7}$ の商は，わる数 $\frac{4}{7}$ が1より小さいので，商はわられる数 $\frac{4}{5}$ より（大きく）なる。

計算すると，$\frac{4}{5} \div \frac{4}{7} = \frac{4}{5} \times \frac{7}{4} = \frac{4 \times 7}{5 \times 4} = \frac{7}{5}$
だから，商は $\frac{4}{5}$ より大きくなるのじゃ。

2 商が $\frac{5}{9}$ より大きくなるものをすべて○で囲みましょう。

あ $\frac{5}{9} \div 2\frac{1}{3}$　　(い) $\frac{5}{9} \div \frac{3}{11}$

う $\frac{5}{9} \div 1$　　え $\frac{5}{9} \div \frac{7}{4}$

(お) $\frac{5}{9} \div \frac{1}{2}$　　か $\frac{5}{9} \div 5$

37

38ページ

3 □にあてはまる等号，不等号を書きましょう。

① $3 \div \frac{5}{7}$ ［＞］ 3　　② $\frac{3}{5} \div \frac{5}{4}$ ［＜］ $\frac{3}{5}$

③ $\frac{3}{7} \div 1$ ［＝］ $\frac{3}{7}$　　④ $\frac{5}{6} \div \frac{1}{2}$ ［＞］ $\frac{5}{6} \div \frac{3}{2}$

4 次のわり算の式を，商の大きい順に並べましょう。

あ $50 \div \frac{5}{4}$　　い $50 \div \frac{4}{5}$　　う $50 \div 1$

え $50 \div 1\frac{3}{4}$　　お $50 \div \frac{3}{5}$

お→い→う→あ→え

テストに出るうんこ
厳選！日本のうんこ企業10

39ページ

分数のかけ算とわり算が混じった計算

今日のせいせき まちがいが
0-2こ よくできたね!
3-5こ できたね
6こ~ がんばれ

かけ算とわり算が混じった式は，わる数を逆数に変えてかけ算だけの式に直すと計算がラクだよ。

1 $\frac{2}{3} \div \frac{8}{9} \times \frac{5}{7}$ の計算のしかたを考えます。

分数のかけ算とわり算の混じった式は，かけ算だけの式に直すと，分母どうし，分子どうしをまとめて計算できる。

$$\frac{2}{3} \div \frac{8}{9} \times \frac{5}{7} = \frac{2}{3} \times \frac{9}{8} \times \frac{5}{7} = \frac{\overset{1}{\cancel{2}} \times \overset{3}{\cancel{9}} \times 5}{\underset{1}{\cancel{3}} \times \underset{4}{\cancel{8}} \times 7} = \frac{15}{28}$$

2 計算をしましょう。

① $\frac{3}{4} \times \frac{5}{6} \div \frac{10}{9}$
$= \frac{3}{4} \times \frac{5}{6} \times \frac{9}{10}$
$= \frac{3 \times \overset{1}{\cancel{5}} \times \overset{3}{\cancel{9}}}{4 \times \underset{2}{\cancel{6}} \times \underset{2}{\cancel{10}}} = \frac{9}{16}$

② $\frac{5}{7} \div \frac{10}{13} \times \frac{14}{19}$
$= \frac{5}{7} \times \frac{13}{10} \times \frac{14}{19}$
$= \frac{\overset{1}{\cancel{5}} \times 13 \times \overset{2}{\cancel{14}}}{\underset{1}{\cancel{7}} \times \underset{2}{\cancel{10}} \times 19} = \frac{13}{19}$

③ $\frac{1}{6} \div \frac{11}{9} \div \frac{17}{22}$
$= \frac{1}{6} \times \frac{9}{11} \times \frac{22}{17}$
$= \frac{1 \times \overset{3}{\cancel{9}} \times \overset{2}{\cancel{22}}}{\underset{2}{\cancel{6}} \times \underset{1}{\cancel{11}} \times 17} = \frac{3}{17}$

39

40ページ

3 計算をしましょう。

① $\frac{15}{7} \div 9 \times \frac{14}{19}$
$= \frac{15}{7} \div \frac{9}{1} \times \frac{14}{19} = \frac{15}{7} \times \frac{1}{9} \times \frac{14}{19} = \frac{\overset{5}{\cancel{15}} \times 1 \times \overset{2}{\cancel{14}}}{\underset{1}{\cancel{7}} \times \underset{3}{\cancel{9}} \times 19} = \frac{10}{57}$

② $\frac{6}{7} \times \frac{21}{4} \div 12$
$= \frac{6}{7} \times \frac{21}{4} \div \frac{12}{1} = \frac{6}{7} \times \frac{21}{4} \times \frac{1}{12} = \frac{\overset{1}{\cancel{6}} \times \overset{3}{\cancel{21}} \times 1}{\underset{1}{\cancel{7}} \times 4 \times \underset{2}{\cancel{12}}} = \frac{3}{8}$

③ $\frac{8}{11} \div 10 \div \frac{5}{33}$
$= \frac{8}{11} \div \frac{10}{1} \times \frac{33}{5} = \frac{8}{11} \times \frac{1}{10} \times \frac{33}{5} = \frac{\overset{4}{\cancel{8}} \times 1 \times \overset{3}{\cancel{33}}}{\underset{1}{\cancel{11}} \times \underset{5}{\cancel{10}} \times 5} = \frac{12}{25}$

④ $18 \div \frac{3}{4} \times \frac{7}{12}$
$= \frac{18}{1} \times \frac{4}{3} \times \frac{7}{12} = \frac{\overset{6}{\cancel{18}} \times \overset{2}{\cancel{4}} \times 7}{1 \times \underset{1}{\cancel{3}} \times \underset{\underset{1}{\cancel{2}}}{\cancel{12}}} = 14$

40

答え

41ページ

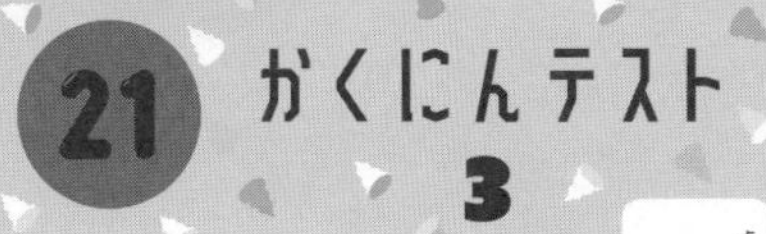

21 かくにんテスト 3

今日のせいせき まちがいが 0~2こ よくできたね! 3~5こ できたね 6こ~ がんばれ

点

1 計算をしましょう。(1つ5点)

① $\frac{3}{10} \div \frac{2}{5} = \frac{3}{10} \times \frac{5}{2} = \frac{3 \times 5}{10 \times 2} = \frac{3}{4}$

② $\frac{9}{14} \div \frac{6}{7} = \frac{9}{14} \times \frac{7}{6} = \frac{9 \times 7}{14 \times 6} = \frac{3}{4}$

③ $\frac{3}{7} \div \frac{2}{9} = \frac{3}{7} \times \frac{9}{2} = \frac{3 \times 9}{7 \times 2} = \frac{27}{14} \left(1\frac{13}{14}\right)$

④ $\frac{20}{51} \div \frac{10}{17} = \frac{20}{51} \times \frac{17}{10} = \frac{20 \times 17}{51 \times 10} = \frac{2}{3}$

⑤ $\frac{5}{18} \div \frac{1}{12} = \frac{5}{18} \times \frac{12}{1} = \frac{5 \times 12}{18 \times 1} = \frac{10}{3} \left(3\frac{1}{3}\right)$

⑥ $5 \div \frac{15}{7} = \frac{5}{1} \times \frac{7}{15} = \frac{5 \times 7}{1 \times 15} = \frac{7}{3} \left(2\frac{1}{3}\right)$

⑦ $\frac{12}{13} \div \frac{9}{26} = \frac{12}{13} \times \frac{26}{9} = \frac{12 \times 26}{13 \times 9} = \frac{8}{3} \left(2\frac{2}{3}\right)$

⑧ $\frac{4}{9} \div \frac{10}{13} = \frac{4}{9} \times \frac{13}{10} = \frac{4 \times 13}{9 \times 10} = \frac{26}{45}$

⑨ $\frac{2}{3} \div 2\frac{1}{4} = \frac{2}{3} \div \frac{9}{4} = \frac{2}{3} \times \frac{4}{9} = \frac{2 \times 4}{3 \times 9} = \frac{8}{27}$

⑩ $1\frac{1}{9} \div 2\frac{1}{2} = \frac{10}{9} \div \frac{5}{2} = \frac{10}{9} \times \frac{2}{5} = \frac{10 \times 2}{9 \times 5} = \frac{4}{9}$

41

42ページ

2 計算をしましょう。(1つ5点)

① $\frac{3}{5} \div \frac{4}{5} \times \frac{8}{7} = \frac{3}{5} \times \frac{5}{4} \times \frac{8}{7} = \frac{3 \times 5 \times 8}{5 \times 4 \times 7} = \frac{6}{7}$

② $\frac{7}{18} \times 15 \div \frac{10}{9} = \frac{7}{18} \times \frac{15}{1} \times \frac{9}{10} = \frac{7 \times 15 \times 9}{18 \times 1 \times 10} = \frac{21}{4} \left(5\frac{1}{4}\right)$

③ $\frac{4}{5} \div \frac{6}{11} \div \frac{8}{9} = \frac{4}{5} \times \frac{11}{6} \times \frac{9}{8} = \frac{4 \times 11 \times 9}{5 \times 6 \times 8} = \frac{33}{20} \left(1\frac{13}{20}\right)$

3 □にあてはまる不等号を書きましょう。(1つ5点)

① $\frac{8}{9} \div \frac{1}{4}$ [>] $\frac{8}{9}$　② $\frac{5}{3} \div \frac{10}{9}$ [<] $\frac{5}{3} \div \frac{8}{9}$

4 次のうち、うんこ専門の放送局「日本うんこテレビ」はどれですか。(25点)

あ

い

う (○)

42

43ページ

22 まとめテスト 6年生の分数

今日のせいせき まちがいが 0~2こ よくできたね! 3~5こ できたね 6こ~ がんばれ

点

1 計算をしましょう。(1つ5点)

① $\frac{3}{4} \times 16 = \frac{3 \times 16}{4} = 12$

② $\frac{3}{14} \times 7 = \frac{3 \times 7}{14} = \frac{3}{2} \left(1\frac{1}{2}\right)$

③ $\frac{9}{5} \div 18 = \frac{9}{5 \times 18} = \frac{1}{10}$

④ $\frac{6}{7} \div 9 = \frac{6}{7 \times 9} = \frac{2}{21}$

2 積が $\frac{2}{3}$ より小さくなるものをすべて○で囲みましょう。(全部できて8点)

(あ)○ $\frac{2}{3} \times \frac{5}{6}$　い $\frac{2}{3} \times \frac{8}{7}$

う $\frac{2}{3} \times 2\frac{1}{2}$　(え)○ $\frac{2}{3} \times \frac{1}{9}$

3 商が $\frac{3}{4}$ より大きくなるものをすべて○で囲みましょう。(全部できて8点)

(あ)○ $\frac{3}{4} \div \frac{8}{9}$　い $\frac{3}{4} \div \frac{6}{5}$

う $\frac{3}{4} \div 1\frac{2}{3}$　(え)○ $\frac{3}{4} \div \frac{1}{3}$

4 計算をしましょう。(1つ5点)

① $\frac{5}{8} \times \frac{4}{15} = \frac{5 \times 4}{8 \times 15} = \frac{1}{6}$

② $\frac{4}{15} \div \frac{9}{10} = \frac{4}{15} \times \frac{10}{9} = \frac{4 \times 10}{15 \times 9} = \frac{8}{27}$

43

44ページ

5 計算をしましょう。(1つ5点)

① $\frac{7}{15} \times 1\frac{1}{14} = \frac{7}{15} \times \frac{15}{14} = \frac{7 \times 15}{15 \times 14} = \frac{1}{2}$

② $12 \times \frac{3}{4} = \frac{12}{1} \times \frac{3}{4} = \frac{12 \times 3}{1 \times 4} = 9$

③ $2\frac{5}{8} \div \frac{7}{12} = \frac{21}{8} \times \frac{12}{7} = \frac{21 \times 12}{8 \times 7} = \frac{9}{2} \left(4\frac{1}{2}\right)$

④ $18 \div \frac{9}{11} = \frac{18}{1} \times \frac{11}{9} = \frac{18 \times 11}{1 \times 9} = 22$

⑤ $\frac{5}{8} \times 6 \times \frac{3}{10} = \frac{5}{8} \times \frac{6}{1} \times \frac{3}{10} = \frac{5 \times 6 \times 3}{8 \times 1 \times 10} = \frac{9}{8} \left(1\frac{1}{8}\right)$

⑥ $12 \div \frac{3}{10} \times \frac{2}{15} = \frac{12}{1} \times \frac{10}{3} \times \frac{2}{15} = \frac{12 \times 10 \times 2}{1 \times 3 \times 15} = \frac{16}{3} \left(5\frac{1}{3}\right)$

6 次のうんこ企業の正しい名前をそれぞれ選んで、線で結びましょう。(全部できて24点)

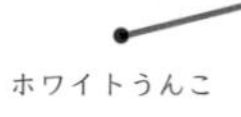

ホワイトうんこ　うんこ製鉄　うんこマッハ

44

計算などで
自由に使おう！

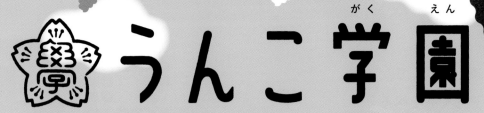

うんこ学園が楽しい理由

楽しく学んで、楽しくあそべる！学しゅうゲームが登場！

「うんこ学園」ではうんこドリルがしんかして、「まなび」「あそび」コンテンツがあるよ！うんこでわらって楽しくべんきょうしよう！

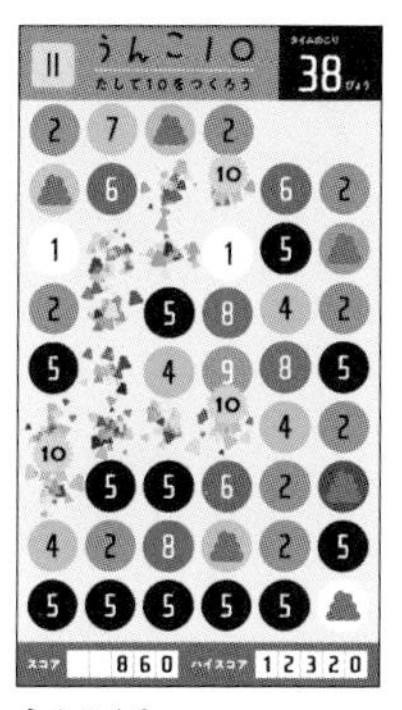

うんこ10

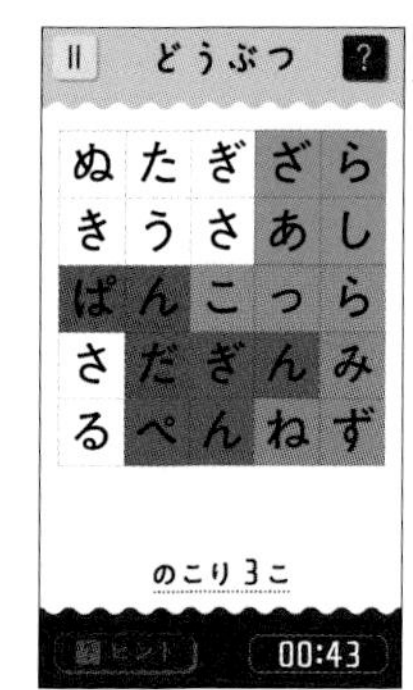

なまえさがし

ブリーをためて、オリジナルのブリーグッズをゲットしよう！

「うんこ学園」でためたブリー（ポイント）は、オリジナルのブリーグッズと交かんできるよ！

※ブリーグッズ／デザインは変わることがあります。

うんこステッカーもりあわせ

うんこ文ぼうぐセット

ひらけ！
金のうんことけい

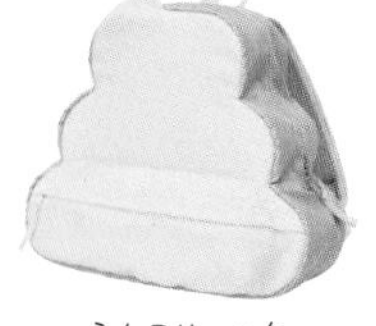
うんこリュック

 おうちの方へ

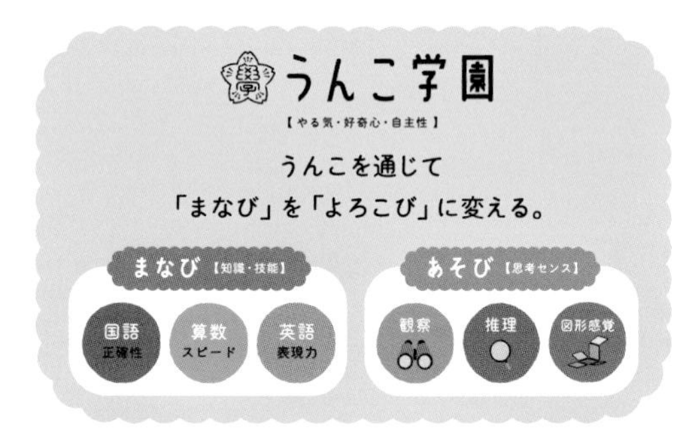

『うんこ学園』のメインとなる学びコンテンツをリリースしました。うんこドリルで培った笑いのノウハウとデジタルの良さを融合した新しいコンテンツです。

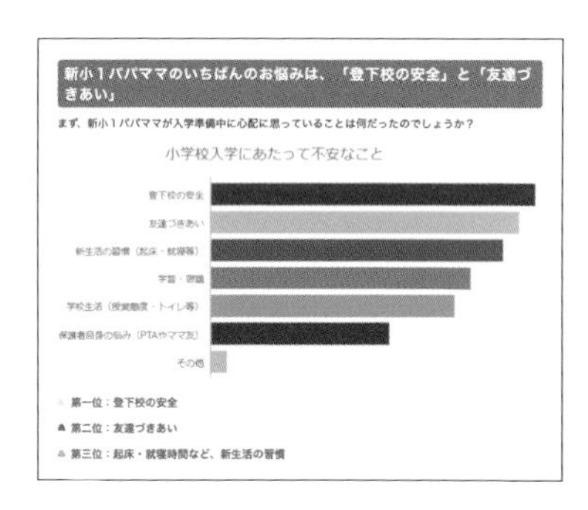

新小1パパママのいちばんのお悩みは、「登下校の安全」と「友達づきあい」

まず、新小1パパママが入学準備中に心配に思っていることは何だったのでしょうか？

小学校入学にあたって不安なこと

- 登下校の安全
- 友達づきあい
- 新生活の習慣（起床・就寝等）
- 学習・習熟
- 学校生活（授業態度・トイレ等）
- 保護者自身の悩み（PTAやママ友）
- その他

第一位：登下校の安全
第二位：友達づきあい
第三位：起床・就寝時間など、新生活の習慣

日本一の「ほごしゃ会」を目指す保護者情報コンテンツがOPENしました。役立つ先輩保護者の声がたくさんのっています！是非ご覧ください。

うんこ学園動画は
こちら▼

チャンネル登録は
こちら▼

うんこ学園動画